室内设计师.**51**
INTERIOR DESIGNER

编委会主任　崔恺
编委会副主任　胡永旭

学术顾问　周家斌

编委会委员
王明贤　王琼　王澍　叶铮　吕品晶　刘家琨　吴长福
余平　沈立东　沈雷　汤桦　张雷　孟建民　陈耀光　郑曙旸
姜峰　赵毓玲　钱强　高超一　崔华峰　登琨艳　谢江

海外编委
方海　方振宁　陆宇星　周静敏　黄晓江

主编　徐纺
艺术顾问　陈飞波

责任编辑　徐明怡　刘丽君　宫妹泰
美术编辑　卢玲

图书在版编目(CIP)数据

室内设计师. 51，中国酒店新浪潮 /《室内设计师》
编委会编 . — 北京：中国建筑工业出版社，2015.4
　ISBN 978-7-112-17942-8

　Ⅰ. ①室… Ⅱ. ①室… Ⅲ. ①室内装饰设计 – 丛刊②
饭店—室内装饰设计—中国 Ⅳ. ① TU238-55 ② TU247.4

　中国版本图书馆 CIP 数据核字 (2015) 第 053733 号

室内设计师　51
中国酒店新浪潮
《室内设计师》编委会　编
电子邮箱：ider2006@qq.com
网　　址：http://www.idzoom.com

中国建筑工业出版社出版、发行（北京西郊百万庄）
各地新华书店、建筑书店 经销
上海雅昌艺术印刷有限公司 制版、印刷

开本：965×1270 毫米　1/16　印张：11½　字数：460 千字
2015 年 4 月第一版　2015 年 4 月第一次印刷
定价：40.00 元
ISBN978 -7 -112 -17942-8
　　（27187）

CONTENTS

VOL. 51

谈谈室内设计潮流

撰　文　|　王受之

多年以来，我往返于中国和美国之间，一直专注设计工作，从而养成了注意设计潮流的职业习惯。时装设计领域，每年都会确定一种新流行风格，每个季节推出不同的潮流。然而，建筑设计和室内设计的发展则与之极不相同。总的发展潮流变化都比较缓慢，其中涉及的影响因素颇多。所以，有些设计师问我设计新潮流是什么？我总是回答，"还没有形成"。听起来好像是推辞的口吻，不过这才是这个领域的惯常态。

新年伊始，不少设计刊物或是网站都会对未来一年的室内设计潮流做出预测。我也习惯性地浏览一番。每年预测的领域大多包括十个左右的点，比如室内设计的基本趋势、强调的概念、软装选择、家具选择、工业产品、室内设计的色彩、纺织品与图案等。尽管每年有些方向"微调"，但基本是在前几年的基础上进行补充和发展，很少出现意料之外的情况。

国际上，室内设计"Interior design"概念主要集中在家庭部分的室内设计。其他如商业领域的室内设计项目，一般由比较有规模的设计事务所负责，而其中具备国际影响力的事务所也就十几家。但因为他们的工作职业性很强，他们的设计报道反而很少在公众媒体上出现。比如美国的流行设计刊物《建筑文摘》（Architecture Digest），80% 是家庭室内设计，10% 属于商业室内设计，剩下的则是公共空间的室内设计。

所以不少国内学生去国外选修室内设计专业，就会深刻感受到这个对专业理解的偏差。我曾经去某个芝加哥室内设计学校参观，看到他们的课程表，列的课程都是家庭室内设计、软装设计、搭配和布局等等课程，与国内理解的室内设计专业有很大差异。

今年，朋友们又问及我有关室内设计潮流的问题。用国际上通用的家庭室内设计概念，我梳理了一些信息，在此说说我认为的 2015 年室内设计潮流。

第一，室内设计色彩的多元化（a diversity of colour）。西方家庭室内设计的色调一般走比较稳健的两大系列，一是米色系列（beige），其实扩展开来，包括米黄色、浅棕色、浅土黄色这个大系列；第二个是浅灰色、浅紫色系列，这两个系列都属于暖色系。配合这两个系列的色调可以是浅灰色和中性色，容易与原木地板、棕色家具、白色洁具配合。

对西方人来说，色调还可以分得更细致一些：哑光粉色（muted pastel）、烟灰色（smoky shades of grey）、金属色系（metal hues）、以及软中性色（soft neutrals）。而这几个系列也可以交叉，并不矛盾。这是很稳健的色彩系列，在西方的室内沿用多年，经久不变，塑造了最稳定的色彩方向，影响商业室内的主色调。现在不少重要的星级酒店客房内，也往往沿用这两个系列。

从去年开始，出现这两个主流色系基础上的多元色彩方向，据说今年会发展得更加"潮"，使用对比色的"补色"色彩方式也多,并且出现了他们称之为"首饰色"(jewel colours)或是"水果色"(fruit colours)的方法,形成比较强烈的色彩对比。

这样说来,有人会问:室内色彩是不就是兴奋、跳跃、对比强烈了呢?从人的居住习惯、心理状况来看,我感觉这种做法仅仅是锦上添花的噱头。至于原因,我估计和住房的人口结构有关系。现在购买新住宅、进行室内装修的人逐步从比较保守的1960、1970年代出生的一代转移到1980年代出生的这一代,在色彩上的选择肯定有差异。

第二,室内纺织品选择的变化。在很长一段时间内,室内设计中各种纺织品,包括椅垫、窗帘、毛巾、床单、枕头的色调比较趋向于采用单色,看起来比较沉稳,设计手法上比较保险,容易配合室内的其他内容和色彩。最近几年来,越来越多的设计师开始采用有图案印染的纺织品。这些图案大多数采用流畅的自然纹样(luid looking prints),比如孔雀羽毛图案、摄影图形等等。从设计角度看,图案设计采用比较模糊的手法,而不是清清楚楚地把纹样印上去。这种类型的设计英语中叫做"Blurred images"。另外,几何图形也越来越常见于家庭室内的纺织品上,图案往往是受分子、原子排列图形的影响,规律而立体,充满了未知世界的奥秘感。

第三,室内纺织品的图案走向花草、植物纹样,自然也就启发了植物风格的软装潮流。在室内软装、艺术品方面,最近这几年来越来越多地用到多肉科植物、昆虫图形、化

石、动物的骨骼标本做主题,这个潮流笼统称之为"自然世界"(Natural world)潮。

延伸出来,大凡和自然有关联的元素都会成为潮流。比如粗糙的木头、石块等等。我们生活的时代如同同质化都市中的钢筋混凝土森林,相对现实,距离比较遥远的自然界是一个憧憬,或是内心某个期待。与自然界对比的元素,则包括机械化的象征,比如各种金属制品,这一点也和色彩中稳重有变的对比方式相似。

第四,室内用品越来越多地使用磨砂表面处理(Matt finishing)。与抛光处理相比,磨砂表面能够带来自然感和粗糙感,材料表现力更为丰富。这一点也是现代主义对表面处理的完美主义要求造成的反弹。

第五个潮流是用经典的工业设计产品点缀室内,主要涉及两个方面:经典的现代家具与经典的现代灯具。从1920年代现代设计开始发展之后,不少重要的建筑师设计了经典的家居作品。从密斯·凡·德·罗的"巴塞罗那椅子"、阿尔瓦·阿尔托的家具和玻璃器皿、勒·柯布西耶的家具,到意大利、美国、日本、北欧这些国家知名设计师的作品,被广泛地用在室内设计中。这也是设计潮流上的"点景"。

另外一个潮流方向是在室内越来越多采用有机形式。有机形式一直是室内设计中常用的设计方式。最近这几年的应用都是为了使过于刻板的现代室内"柔软"一些。优雅弧线的使用多用在室内灯光设计,以及陶

瓷、玻璃器和室内的用具选择上。

现代室内设计原先突出的批量化生产制品，现在则出现了突出手工艺特点的细节设计，用编织、结绳等方式制作的纺织品，时常还有采用钉补绣（西方叫做 quilting，相当于我们国内叫的"百衲绣"）设计的家具，这些变得越来越常见。

为了增强室内设计的怀旧感，甚至还出现了一种"Instagram like"方式的"摄影式"设计风潮。受到图片分享软件的影响，设计得就像 Instagram 里拍的照片一样，也变成了一种影像和现实相互影响的设计风格。

原来的室内设计一般只突出一种风格，比如现代、新古典、加州式，或者美国乡村式等等。由于全球化的影响，文化多元化，因此在设计上出现了一个室内空间兼容几个不同风格的情况，称之为"文化融合"（merging of cultures），比如在现代风格基础上加入非洲、亚洲的元素，或是中东、欧洲、南美洲的装饰细节，经常出现几种风格共存的情况。

最后一个新方向，在室内设计中添加许多室外景观设计的内容。在室内空间中设计仙人掌这类多肉类植物的植被，在天窗下种植比较大的点景树，会使访客产生惊异感。这个潮流同时具备了室内可持续、环保的特点。

室内软装领域也经历了一场剧烈的变革。在设计中，经常可以看到印度、土耳其、印第安的特殊图案被用在纺织品的设计上。

带着怀旧风格的灯芯绒（corduroy），也成为一种使用广泛的面料。浴缸和洁具上出现了黄铜和白铜制品，带有法式情调的流苏花边（Fiber-art & Macramé）被用在窗帘、床罩和浴室中。总的来看，室内设计上比较胆大、炫耀。

有朋友问我：要了解西方室内设计的潮流，有哪些书籍、刊物或是网页可以推荐？

在美国，比较流行的室内设计刊物有如《室内设计》（Interior Design）、《Elle Deco》、《家居与设计》（Home & Design）、《家居与生活方式》（Home & Life Style）、《居所》（Drewll）、《设计与装饰》（Design & décor）、《奢华》（Luxe）等等，《建筑文摘》（Architecture Digest）则是更加专业的月刊，以案例为主。

我看得最多的是一些设计师和评论家的个人网页和博客，因为大凡集团办的总难做到观点尖锐，而个人的博客则往往很犀利直接。其中比较重要的有如室内设计评论家霍利·贝克（Holly Becker）办的博客 Decor8。纽约室内设计师希瑟·克劳森（Heather Clawson）的博客 Habitually Chic，特点是对于探索性、试验性的设计更加关注，并且很注意和建筑评论联系起来，颇有看头。网站 jonathanadler.com 是走现代主义风格的厨房设计师约纳森·阿德勒（Jonathan Adler）的个人博客，他对于现代厨房、橱柜和厨具的设计有很独立的见解。报导室内设计的记者凯蒂·埃利奥特（Katy Elliott）也有自己的网页博客，注意力主要集中在新格兰地区的古宅改造设计方面，也颇有意思。

中国酒店新浪潮

撰　文 ┃ 春分

近五年来，酒店设计在世界范围内正发生着巨大变化。在中国，亦然。

越来越多的国际酒店品牌进入中国，同时，众多源自于本土的独立酒店品牌亦在兴起，在这个酒店扎堆开业的时代，我们终于可以不出国门就享受到更多个性十足、充满地域特色、拥有全新独家理念的酒店。而中国的一些曾经耳熟能详的老牌旅游目的地也朝着度假地的方向发展，改变了人与自然的对话方式。

众多商务酒店亦是中国酒店新浪潮中的主力军，从美轮美奂的设计，到让人眼睛一亮的新科技，为了吸引客人的目光，在这不停歇的新酒店开业大潮里博得一席地，酒店们一向无所不用其极，最近开业的新酒店，总是在你颇意外的角落里擎出一面大旗，告诉你，酒店里的角角落落，都已经被考虑到了。

相对商务酒店而言，顶级的度假酒店倒是最引人瞩目的，它们的要求更高，那些需要梦幻般的环境，营造出远离人世的场面，往往还考验开发者的耐心与毅力，也更需要他们精益求精的精神。而此类酒店设计则更能体现出设计师鲜明的风格，除了老牌度假酒店品牌安缦、安娜塔拉与悦榕庄在国内相继开了数家分店后，来自中国台湾的乡林集团亦将涵碧楼品牌带到了青岛，第六感、阿丽拉（Alila）等亦将在年内开设新店。

值得注意的是，众多中国本土设计师亦开始加入中国酒店新浪潮的行列。作为本土设计师，他们拉近了传统与现代之间的距离，将新旧建造技术相结合，进行一种新的建筑尝试，有意识地将乡土建筑逐步融入现代施工中。

青岛涵碧楼
THE LALU QINGDAO

撰　　文	滴滴
资料提供	青岛涵碧楼

地　　点	山东省青岛经济技术开发区九龙山路277号
设　　计	Kerry Hill
面　　积	15万㎡
竣工时间	2014年

涵碧楼外景

抵达青岛涵碧楼，是个很遥远的过程。酒店位于一个无人打扰的海角，背山面海、深入海洋腹地，成为了一片"偷得浮生半日闲"的乐土。

也许，所有的避世度假酒店都喜欢躲在远离尘嚣处。

从青岛机场出发，穿越市区，再穿越海底隧道，驱车一个多小时，才能够到达酒店所在的黄岛区。经过一大片苍翠的松林后，一座褚红色的建筑赫然呈现。

该酒店的设计出自国际顶级度假酒店的设计大师 Kerry Hill 的手笔，这位几乎半退休的资深设计师曾经设计了日月潭涵碧楼、巴厘岛 Amanusa 等国际顶级度假酒店。他在设计中一直强调的就是隐居与自然，非常擅长将当地的自然环境、文化、历史、景观等因素融入到设计之中，让建筑成为一个故事，供人细细品味。

不同于很多传统豪华酒店赋予人们金碧辉煌的感官刺激，青岛涵碧楼是温和的、极简的、带有禅意的。在青岛涵碧楼的设计中，他依然将岩盘、沙滩与海岸线悉数保留，而当地原有的鲍鱼池也没有打掉，令来到涵碧楼的人们可以看到这片土地上最原始的景观。青岛涵碧楼的建筑材料，也取自当地，以"木、石、金属、玻璃"这四种最接近自然的材料为主，让涵碧楼宛如从自然景观中"生"出来。譬如酒店主楼的建筑外形就是由铜质网片所构成，仿佛一个一个在港口上的长条货柜。更有意思的是铜质网上会慢慢生长出铜粒，整座建筑亦会由褚红色变成铜绿色，塑造青岛涵碧楼的岁月痕迹与历史的纵深，感受它坚韧的生命力。

酒店内的设计大量纳入齐鲁文化，以山东特色演绎为蓝本，将中国儒家文化精雕细琢。大厅里，古乐器演奏出空灵的曲目，走廊里处处可见古色古香的精美漆器和书法字画。客房之中，随手拿起一本线装《论语》便可与孔子对话……从远古时期的东夷文化、中期的儒家文化、到现代主义风格，走进青岛涵碧楼，你仿佛打开了一本齐鲁文化乃至中华文化的史书，一路穿越几千年，亲身感受中国博大精深的文化典籍、礼乐、茶艺、美食。

位于酒店六层的大堂吧台非常有特色，它创下了目前中国酒店吧台的最高纪录——36m。大堂吧的每片落地窗的跨距是 9m，36m 的吧台刚好是 4 大片落地窗跨距的宽度，这样的设计才不会让视线受到阻碍。吧台的后方是极富禅意的中庭迎客松，而前方便是一望无际的大海。

除了升降电梯外，设计师还为酒店设计了另外一个可以作为景观的交通大动脉——5 层楼高的大理石步梯，这个独特的楼梯连接了酒店大堂、餐厅、宴会厅、SPA 到游泳池、温泉和沙滩。午后，当阳光透过竹子，洒落在步梯上，不同的光影随之变换，仿佛一场大秀。入夜，烛光与石墙上的镂空嵌灯则营造了另一幕场景。

另外一处值得一提的妙笔是夕阳西下的茶室。这个极简主义风格的茶室坐落在温泉 SPA 馆的露天屋顶，一旁还有一个屋顶水池，几个下沉式的沙发座深入到水池中央。

青岛涵碧楼共有 161 间客房，这里的每一间客房都拥有 180° 海景，如同把海洋镶嵌在房间里一般。从进门的那一刻，你的视野将不会有遮拦，泡澡、休息、阳台上发呆，甚至是坐在马桶上，美丽的湛蓝海景将装点你的每一处视野。在客房中，最为惊喜的是那个有风景的卫生间。酒店在每栋客房都设置了中空庭院，种植了高高的竹子，因此，在所有的房间卫生间与淋浴房中都可以看见窗外摇曳的竹子。 ■

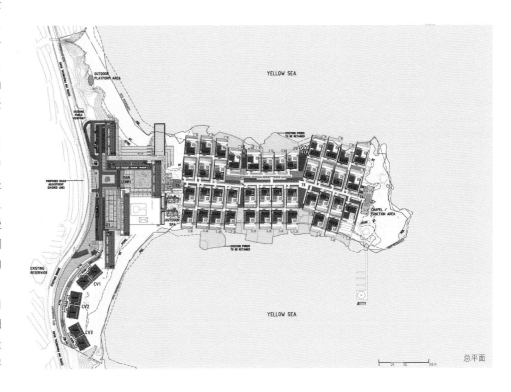

总平面

1	3
2	4

1　大堂
2　大堂吧
3　一层平面
4　法餐厅

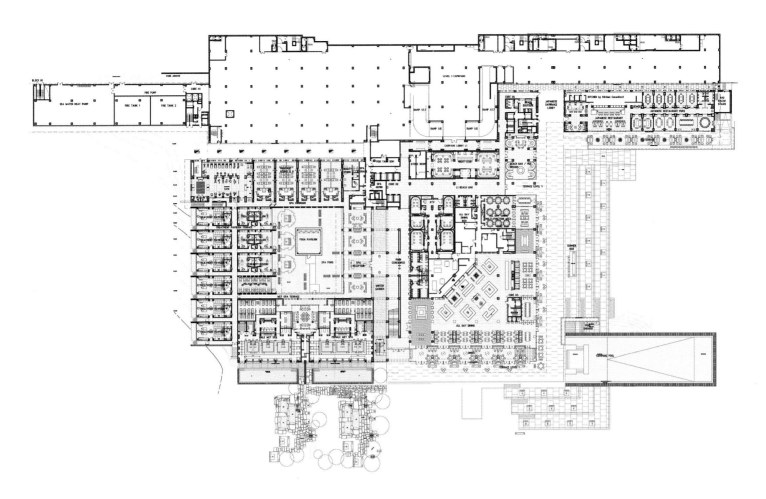

1　法餐主厨餐桌

2　名店廊 © 薇白

3　中餐包间

4　中餐厅

1	3 4
2	5

1　茶室 © 曹羽

2　茶座

3　客房－淋浴间

4　SPA

5　走廊铜网隔断

帝乐文娜公馆
THE LUXE MANOR

| 撰　　文 | 滴滴 |
| 资料提供 | 帝乐文娜公馆 |

| 地　　点 | 香港九龙尖沙咀金巴利道39号 |
| 设计单位 | David Buffery, Aedas Interiors |

一面巨大的无法读出时间的钟躺在地上，马赛克肌理暗示它其实已荒芜多时，而时间的生命却依然留存，这件出自香港本土创新设计公司 kactus DESIGN 的作品象征了"扭曲的时间与空间"。站在这个华丽的入口，很容易就会将其与达利著名的《软钟》联系起来，达利这样解释过他的作品："时间钟只不过是时间和空间狂妄之极的、柔软的、怪诞和孤独的干酪。"从这里，亦将开始一段神秘的以"超现实主义风格"为基调的神秘欧陆风情之旅。

酒店顺着香港尖沙咀的金巴利道而建，2 吨重的大门却开在内侧，原本应该作为大门的方位只开了一扇小侧门。推开厚实气派的红色大门，马上进入超现实主义的大堂空间。大堂满地由华丽的马赛克铺就，一改高级酒店寻常用大理石所表达的贵气，整个空间是红、紫、金、黑色系的掺杂混合，还有大面积镂空图案的银色镜面墙，神秘气息不

一而足。

从超现实主义的大厅往上层走，便是特色酒吧 Dada Bar+Lounge，名字取自著名的达达艺术运动（Dadaism）。空间设计者巧妙地堆叠出奇幻的空间风格，并使之融入酒吧时尚雅致的设计中，将超现实主义的风格发挥得淋漓尽致。这个空间里搭配的任何家具、任一盏水晶灯或饰品都来自不同国家的文化，甚至是不同世纪的艺术代表作。以银色搭配黑色系的吧台，第一眼看上去是古典风格，却在四角处各自以不同的动物造型装饰，与超现实主义的概念相融合。

客房的设计出自 David Buffery 与 Aedas Interiors 的手笔。当提及帝乐文娜公馆室内设计背后的理念时，David Buffery 表示："在仔细研究过建筑规划后，我建议将平台布置成豪华园景客房，并将第十二层改建为套房。当我发掘到一幢建筑拥有化身为独特杰作的

潜质时，就是我设计工作的兴趣所在。"电梯的墙面有欧陆古典建筑的门框图案，这种经典的图案一直延伸到房间里，墙上的窗框立体感十足，仔细看，却是绘制在墙纸上的，连壁炉也是"绘"出来的，写实得很。但放电视机的平柜却是实实在在的，有点虚实相生的错觉。

位于酒店第十二层的 6 间主题套房非常值得一提。Nordic 套房展现北欧风格，以冰为灵感的设计，带给住客与众不同的性格冷酷；而 Safari 套房则让你体验中东奢华风韵，观赏在沙漠广阔夜空中的闪闪繁星。充满意式情调的 Liaison，特设订造圆床，美轮美奂的装潢和精致的威尼斯镜子，处处流露出浪漫气氛，让住客尽情释放身心，沉醉其中。尽显 1940 年代好莱坞的奢华的 Royale 套房，不亚于明星气派的炫目的墙纸，豪华的家具和浴室设计，将玛丽莲·梦露的奢靡炫丽重现 21 世纪。END

1	4 5
2 3	6

1　FINDS 北欧餐厅

2-3　细节

4-6　客房

| 1 2 | 4 |
| 3 | 5 |

1-2 设计款家具细节

3 Lounge

4-5 酒吧 (Dada Bar + Lounge)

隐居繁华
SECLUSION IN METROPOLIS

撰　　文	尹祓痛
摄　　影	陈乙
资料提供	内建筑设计事务所

地　　点	上海吴兴路
设计单位	内建筑设计事务所
建筑面积	1 400m²
景观面积	480m²
类　　型	连锁酒店
主要材料	橡木地板、定制地砖、木材、手刮漆、水纹玻璃、织物
设计时间	2014年4月
竣工时间	2014年11月

1 窗边一隅
2 洋房夕照

　　上海吴兴路上的这栋花园洋房颇有些传奇的味道。1937 年 5 月的一个清晨，一声啼哭，航运商人董浩云喜添贵子，整栋别墅都沸腾了起来。此后商人的事业蒸蒸日上，成为了世界级船王，而这位啼哭的婴孩正是 1997 年香港回归后的首任特区行政长官董建华。家族的传承本就易让人产生感喟的兴致，而时光留下的旧物更易引起变迁的啼嘘。公馆转变为如今的隐居酒店，旧日馥郁如同脚步声一般回响其中。在全球日渐同化的城市中创造那么一个爱丽丝奇境入口般的兔子洞，这大概是只有设计师才能坚持的任性吧。

　　设计师的说明带着模糊的氤氲，梦这个词语总是高频地出现在陈述的文字当中，也许于设计师，设计就是在造一场凝固的梦境。昨日重现或是回到未来，上海伦敦或是巴黎，都是可信手拈来的花瓣。被弃置的董家老宅就是《远大前程》里郝维辛小姐那腐败衰朽的大厅长桌和结婚蛋糕，他则挥手让银器发光、壁炉燃烧、时间倒转或者加速，逝去的幽灵从墙壁的缝隙中现身，沾满蛛网的苍白嘴唇开口诉说，共同演绎皮普（或是曾经在英伦兜转的自己）眼中辉煌的博物志或是无限可能的未来。

　　住宅公馆到商业酒店的转身并非轻快，流线布草都大为不同，设计师充分尊重了老屋的格局，并未对院内几栋老建筑做结构上的改动。有高度要求的大堂借势运用了建筑原有的中空区域，原有的屋架结构也保留。书架顶端之上，抬头瞥到的木梁和人字顶棚，如同被尘埃掩藏的旧日回忆，在不经意间浮现。

　　穿过大堂嵌着水纹玻璃的折叠门后是早餐厅。灯光在酱色木家具的包浆上反射，沾染了怀旧的暖色气息，受原住宅开窗面积限制而有些幽暗的空间因此被点亮。横斜凌乱的白色菊科和蔷薇科植物的花枝，带来自然的清新野趣，让人有如身置乡野别墅。

　　推开半掩的栅门进入客房区，三层空间中是 15 间大小不一、户型不同的客房。每间客房都被赋予独一无二的景观，每间客房自身也上演不同的戏剧。三层则利用屋顶一隅，竹篱为最大的套房围合出令人心旷神怡的露台。最让人拍案的却是藏在院落一角的悦隐堂，天光下的医室，或是秘密花房？

　　半个世纪以来隐逸在梧桐树阴下的沉默的洋房，如今在这个失魅的世界里，让我们重新开始做梦。推开门，蝴蝶满栖，花朵飞天，海关大楼和大本钟的报时乐章一齐奏响：This is neverland, welcome thee back. END

三层平面

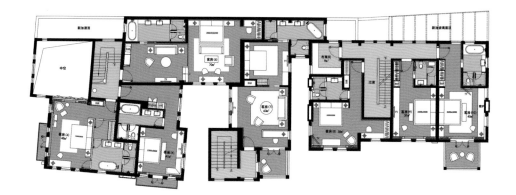

二层平面

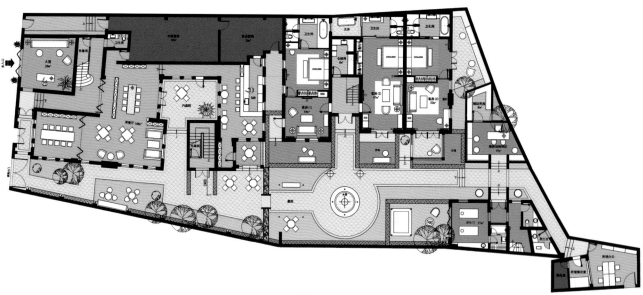

一层平面

I | 2
  | 3 4

1 平面图

2 酒店大堂裸露原屋顶结构

3 博物学者般的客房

4 储纳柜别出心裁

1	2	4
3		5 6

1　午后阳光的投影

2　早餐厅中长桌、烛台与镂光的花瓶

3　早餐厅入口处可见水波纹楼梯

4　站在早餐厅中央

5　早餐厅中壁炉

6　雅座

艺象 iDTown 设计酒店
YOUTH HOTEL OF ID TOWN

摄　　影	张超
资料提供	源计划建筑师事务所

地　　点	深圳市大鹏新区葵鹏公路106号
建 筑 师	源计划建筑师事务所
建筑面积	1 800m²
主持建筑	何健翔 蒋滢
设计团队	邓敏聪、董京宇、陈晓霖
竣工时间	2014年12月

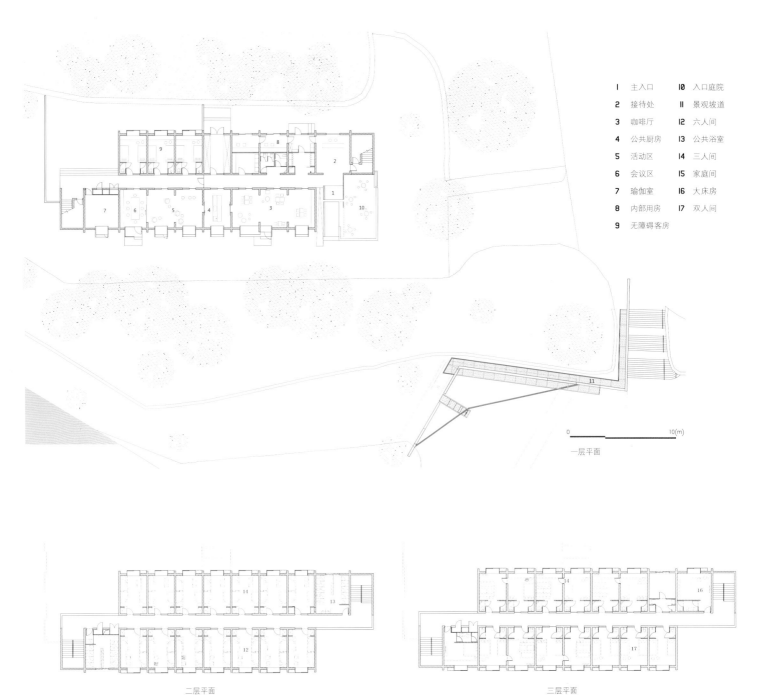

1 主入口	10 入口庭院
2 接待处	11 景观坡道
3 咖啡厅	12 六人间
4 公共厨房	13 公共浴室
5 活动区	14 三人间
6 会议区	15 家庭间
7 瑜伽室	16 大床房
8 内部用房	17 双人间
9 无障碍客房	

0 ————— 10(m)

一层平面

二层平面

二层平面

位于艺象"山城"（原印染厂生活区）中的14栋员工宿舍是深圳工业化与开放政策后的第一批产业工人的居住地。这幢依山而建的4层砖混结构建筑在荒废多年后显得沧桑、凋零，南面道路边上的一排与厂区年纪相仿的细叶榕与藤蔓相连，却在工业撤离后更生机勃发。它们的旺盛生命力正是引发我们对破败的建筑内部重新植入艺术生活空间的冲动。

建筑更新的操作由两个竖向层面始发：一是内部中间宿舍走道连同建筑基础配套的更新，作为新的居住生活的中枢；二是外部南北两个与山体和林木相视的建筑立面，作为内部居住与外部自然的重建互动的景视界面。这两重界面之间便是我们计划引发的青年和家庭的居住和交往之处。二至四层作为酒店的客房部分，空间上基本遵循原有的单元式分隔和空间建构。首层是整个新青年社群的公共交往空间：接待、休息、咖啡、多功能活动甚至开放厨房等各种可能，通过局部的建筑结构变更而成为自由联通的连续区间。交往空间的景视界面也因此而呈现多样和变化，进化成为一栋栋榕树林间的艺术小屋。█ND

1	3
2	4

1 平面图
2 改造前
3 改造后外立面
4 入口

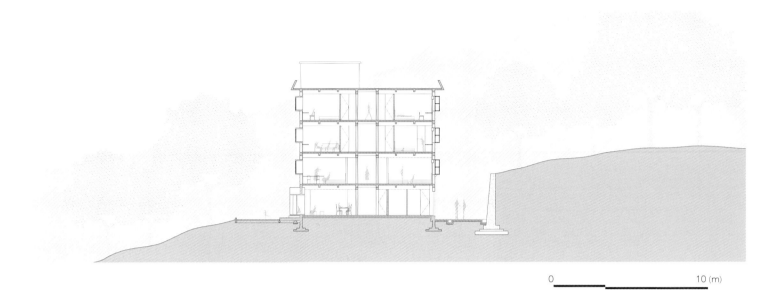

0 ———— 10 (m)

1 | 3
2 | 4

1　横剖面

2-4　公共空间

1	2	
3		4

1-2 客房

3-4 走廊

上海崇明金茂凯悦酒店
HYATT REGENCY CHONGMING

撰 文	滴滴
资料提供	美国JWDA建筑设计事务所

地 点	上海崇明
设 计	美国JWDA建筑设计事务所
业 主	金茂（上海）置业有限公司
面 积	4.8万m²
容 积 率	0.47
设计时间	2009年
竣工时间	2014年

1-2　外立面

3　前台

　　上海崇明金茂凯悦酒店坐落于被誉为"长江门户，东海瀛洲"的崇明岛国家地质公园。该酒店不仅是崇明生态岛上首个五星级酒店，还是上海第一家，也是唯一一家五星级低密度度假酒店。

　　酒店设计以现代中式风格为整体建筑格调，并融时尚现代的上海本土元素，将东方园林空间的韵味与分散休闲特征的度假酒店有机融合，意在营造现代"新中式"的地方性建筑。同时，"步移景异"的法则也使建筑成为庭院的背景，与绿化交融，更是寻求生态环境与舒适人居平衡发展的体现。由独栋花园式别墅和酒店式公寓组成的6栋主体建筑，通过窗明几净的木制中式连廊相衔接，辅以小桥流水的精巧花园，让宾客既能感受到明快洗练的摩登气息，又能体会充盈着的满满的海派审美元素。

　　值得一提的是崇明金茂凯悦酒店的"爱犬计划"，酒店为携带爱犬的人士特意开辟了24间可携带宠物狗一同入住的特色客房。宠物客房均在一楼，每间客房都标配了小型的室外花园，并且从房间通往花园带有阶梯设置，这也顺便增加了狗的活动内容。房间里的宠物床也依狗体形的大小有三种选择，同时配备了独立的食盆和饮水盆，当然，还有遛狗专用的垃圾袋——其实在遛狗步道所设置的垃圾桶上面，也配备有抽取式的垃圾袋。在这些客房里，萌宠们不仅可以享受诸多专业宠物设施服务，还可以和主人一起在私人花园里嬉戏玩耍，尽享完美假期。

　　除了得天独厚的自然风光之外，崇明岛也是一个令人向往的美食天堂。主打崇明菜和上海风味的"品悦中餐厅"整体设计采用摩登中式风格，入口处的双月拱门让人如入胜景，高挑的格纹屏风、雕花精致的木制餐椅以及巨大的传统鸟笼式落地宫灯烘托出怡人温馨的就餐氛围。巨大的落地玻璃映衬着窗外葱茏的竹林以及露天花园就餐区域。餐厅共有6个可容纳10至14位宾客的独立包厢，每个包厢都用中国古代寓意吉祥的飞鸟命名，并配以受这些祥瑞之鸟灵感启迪的精美艺术品。

　　崇明金茂凯悦酒店引入的创意会议服务理念——"凯悦校园"亦是该酒店的特色之一，该概念将酒店专用会议设施以大学校园怀旧风情打造，崇明金茂凯悦酒店是继曼谷君悦酒店后，亚洲地区第二个引入"凯悦校园"概念的酒店。凯悦校园坐落于酒店一层，占地面积1 440m²，拥有一座可容纳210听众的礼堂以及三间面积从47~150m²不等的多功能教室。原生态的砖石墙壁、木制课桌、大学校园常见的座椅以及墙壁上各类熟悉的公式和设计草图，让与会者一下子仿佛回到了那个意气风发的学生时代，整体氛围亲切而又让人感动。[END]

| 1 | 3 |
| 2 | 4 |

1　花园

2　建筑外观

3　平面图

4　建筑外观

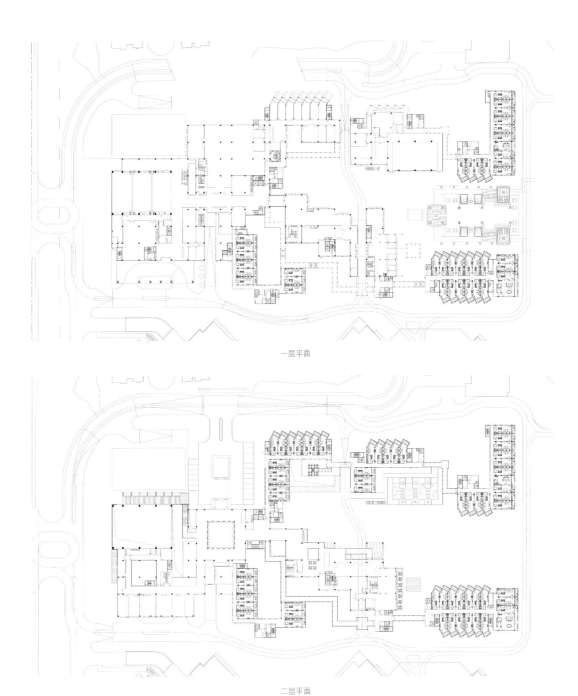

一层平面

二层平面

1	3
2	4 5

1　凯悦校园活动大厅
2　凯悦校园摄影室
3　咖啡厅
4　茶苑
5　品悦中餐厅入口

理性之光——锦江 4S 张衡路店
JINJIANG 4S HOTEL

撰　文　｜　尹拔痛
资料提供　｜　上海泓叶室内设计咨询有限公司

地　点　｜　上海市浦东新区张衡路
建筑面积　｜　6 200m²
主持设计　｜　叶铮
设计单位　｜　上海泓叶室内设计咨询有限公司
类　型　｜　连锁酒店
设计时间　｜　2014年

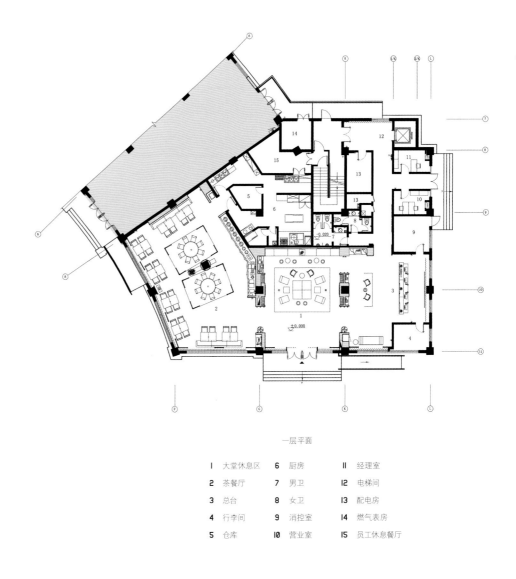

一层平面

I	大堂休息区	6	厨房	II	经理室
2	茶餐厅	7	男卫	12	电梯间
3	总台	8	女卫	13	配电房
4	行李间	9	消控室	14	燃气表房
5	仓库	10	营业室	15	员工休息餐厅

　　人们对于空间的第一印象往往被感性所攫，就像人们在流水别墅前赞叹，在犹太人纪念馆的狭道里哭泣，在教堂的十字光里震颤，在运河感到狂欢的气息慢慢从脚底涌上头顶。我们不停寻找着那些不同寻常的空间，以期逃离平淡拥挤的现实，所以我们购物、旅行，涌向主题酒店和特色餐厅。然而在情绪耗尽之后，理性主义的设计散发出持久的意蕴。

　　锦江4S酒店张衡路店毗邻张江高新科技园区，被复旦大学张江校区、上海中医药学院浦东校区和上海交大信息工程学院所包绕。酒店取名"4S"，这个来源于汽车服务的理念也许对酒店能够做一点说明：酒店的设计、服务和运营管理在快捷酒店模式上再上一个台阶，同时又区别于豪华星级酒店，开拓二者间的市场新领域。

　　为提供高品质而面向大众的服务，"精"与"简"顺势成为设计师采取的空间策略。酒店功能组织反复被推敲，可有可无的功能一律被删去。因而，保留的都是使用者最需要、最不可割舍的功能。在此逻辑上的空间推演也体现出精益求精的姿态：设计师对功能搭配比较、权衡，功能如何配置、不同功能之间的衔接空间也经过了深思熟虑。使用者被预料发生的一些不同的活动也被设置于同一平面之中，以实现空间的共享。基于这样的定位和出发点，在酒店的空间布局上的理性精神也展露到了极致：设计师基于自己团队多年的研究和数据，对于每个功能区块的面积都给出了精确的控制。舍去再舍去，多余之物不会有，多余的面积也绝不浪费，用理性锤炼出的空间，是设计团队对于"4S"的定位。

　　同样的理念也反映在了设计上。精确消费人群是设计的第一步。在酒店地段上，由于位于张江高科技园区，周边遍布技术开发公司和高校校区，因而酒店的服务针对的是高科公司白领和大学中的师生，设计要考虑更契合他们的时尚观和审美。恰好理性、优雅和朴素也正是设计师在自身的设计生涯中所一直追求的境界。这种不谋而合为设计师提供了发挥余地，然而，每个人意念中的理性优雅是有所区别的，酒店的定位又决定了投资的控制和不可铺张，如何在此基础上调和优雅的和而不同？

　　少则朴、去矫饰，优雅、而简单：理性体现为克制。设计师体味着使用者的趣味，同时也尊重着他们。

　　然而，对于东西方性的探讨和融合，却是设计师最想叩问的问题：在理性主义推演的西方的空间框架下，空间的质感却是温润的东方气息。这种东方性不仅局限在符号化的家具、陈设和灯具上。比起线条流畅而有古韵的宫灯、圈椅，对于东方性的理解更多地展现在了隐藏的空间气氛之中。空间中线框的分割，让窗棂、屏风和格子门的幽灵重现于现代的空间之中；平静开敞具有稳定性的休息区构图，势如峰丛的大理石纹路，更是中堂中的一幅幅画卷。然而这些手段都在消融于现代感的空间之中，只有在使用者徜徉于空间之中，不经意的瞩目，才突然发现隐藏在简约之下宜切的匠心。

　　酒店设计过程是综合理性与感性的过程。没有理性，无法部署功能平衡利弊；没有感性的空间则没有情绪和关怀。然而，经理性严苛的锤锻之后感受到的体贴的精致和克制的优雅，才是空间中闪烁的理性的光辉。 ■□

1	3	4
2	5	

1　陈设

2　休息区

3-5　大堂休息区

<table>
<tr><td>1</td><td>2</td></tr>
<tr><td></td><td>3 4</td></tr>
</table>

1-4 餐厅

云间好庐
BOUTIQUE HOTEL AMONG THE CLOUDS

撰　　文	汪莹、刘宇杨
摄　　影	苏圣亮
资料提供	景会设计（Ares Parnters）

项目名称	云庐精品酒店
地　　点	广西省阳朔县兴坪镇
面　　积	3 700m²
设　　计	景会设计（客房建筑改造及餐厅室内设计）； 刘宇杨建筑事务所（规划及餐厅建筑设计）
结构顾问	刘涛
机电顾问	颜兆军
设计团队	刘宇杨、汪莹、程辉、杨明熹、刘涛、颜兆军
设计时间	2012年8月~2013年5月
竣工时间	2014年5月

"云庐"位于从广西桂林到阳朔的半途，是一间深藏于漓江沿岸好山好水之间的精品生态酒店。基地是当地一个自然村中几户人家的多栋老农宅。项目便是从老农宅的改造开始，逐步梳理宅与宅之间的空间、并将一栋老宅拆除、扩建为餐厅和客人可聚集的场所。设计采取一种对当地文化和周围村民的尊重和谨慎姿态，规划与景观设计在最大程度上融入了村落结构，在周边不另设围墙或其他防护设施。在不破坏原外观的前提下，老的夯土建筑被改造为符合当代生活品质的酒店房间。新建的餐厅则用了一种更为低调的建筑语汇，以变截面钢结构和玻璃中轴门窗系统与毛石外墙、炭化木格栅、和屋面陶土瓦形成一种材料对比，新老建筑形成的空间对话和延续感则是维系外来（酒店）与本土（农村）自然共生的基本法则。

在室内设计和客房的改造中，依然遵循了自然共生的法则。为了不影响依山傍水的好风景及与老村落的协调，低调的新建餐厅为一层楼高的坡屋顶建筑并尽可能地降低了尺度，而室内空间在满足了空调等功能需求

的前提下，尽可能地提升了层高，与建筑呼应，让空间明快、简洁、流畅。

原有农宅的室内虽然久经岁月的风雨而显得破旧，但却不失空间上的趣味，典型的一栋青瓦黄土砖屋为三开间，中间为二层挑高的厅堂，两侧各有四小间房，二层为杂物储藏用。在改造中，保留了原建筑的木结构、黄土墙、坡屋面及顶上透光的"亮瓦"，在功能上一层的厅堂保留并设有吧台、沙发，是客人小聚的社交空间，客厅的两侧各有一间客房，厅堂中增加了通向二层两间客房的楼梯。对于东西方向的室内墙面，只是作了必要的清洁和修缮，南北方向的墙面在土砖墙以内增加了轻钢龙骨石膏板墙，新旧墙体中间的空隙满足了所有管线、管井走向的需求。

室内改造中侧重于思考现代人的生活方式与原生态空间的对话、空间本身与光影的对话、室内与室外空间的互动。在材料的运用上，选择了素面水泥、再生老木、竹子和黑色钢板，力求遵循朴实、自然、简单的原则。END

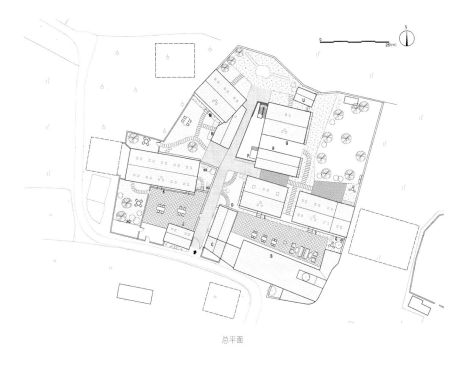

总平面

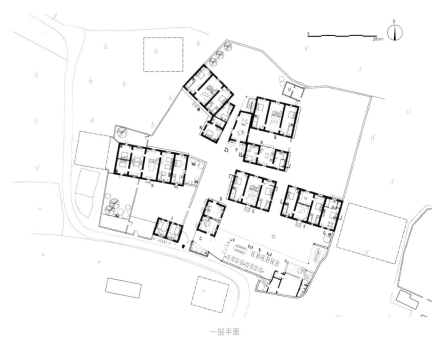

一层平面

二层平面

1 餐厅建筑外观

2 餐厅室内

3 庭院

4 平面图

1	2
3	4

1-2　客房楼梯

3　客房空间

4　客房中厅

E 栋剖面

FG 栋剖面

R 栋剖面

主
题

1　剖面图

2　客房二楼过道空间

3-4 客房内景

5　客房卫生间

南昆山十字水生态度假村竹别墅
CROSSWATERS ECOLODGE & SPA

撰　　文	彭征
资料提供	广州共生形态工程设计有限公司

地　　点	广东省惠州市龙门县
面　　积	1248m²
设计公司	广州共生形态工程设计有限公司
设计总监	彭征
设计时间	2009年12月
竣工时间	2013年10月

共生之美，关于生，也关于死；关于永恒，也关于瞬间；关于风景，也关于风景中的我们。

南昆山，八栋竹别墅半隐于山畔溪边、翠绿深处，它们如同竹林中的八位贤士，有幽幽花香、啾啾鸟鸣相伴，可沐温润之汤泉，可观万千之气象，让人们无不感受到它们那种低调内敛的悠然气质和"源于自然，归于自然"的简素之美。

美学，不仅仅是视觉的，更体现为一种关怀，它既包含对人的尊重，也包含对大自然的敬畏。

竹别墅建筑最初由哥伦比亚建筑师西蒙（Simon Velez）设计，这位毕生都在探索生态建筑的建筑大师为十字水带来了堪称经典的竹结构建筑群，共生形态设计公司承接室内设计工作后，在解读大师建筑设计的基础上对原方案进行了地方性的改造，融入了当地的建筑文化与元素，并增加了客家民居式的后院。竹别墅室内外从客家民居建筑中吸取灵感，采用前半部吊脚楼与后半部天井院落相结合的空间布局，干湿分区，前半部为 32 根木桩托起的吊脚楼，包括客房和观景阳台；后半部为天井式温泉区，包括湿区、温泉池和户外平台。由于温泉区的改造，使得建筑的功能性和艺术性得到扩展。

南昆山的竹资源为我们提供了得天独厚的建造材料，从建筑到装修，竹子不仅是建筑的构造元素，也是室内的装饰元素。我们尽可能地规避对混凝土的使用，比如我们从当地的民居中吸取灵感，在当地请来了会制作夯土墙的工匠，为我们的建筑后院垒砌土墙，这种近乎失传的民间建筑的构造方式。竹子、土墙，它们与屋瓦、河石和竹林一同建构出低调而独具地方特色的建筑景观。

十字水生态度假村是美国国家地理杂志推介的"全球五十大生态度假村"之一，也是国内生态旅游发展的模范，它最大限度地做到生态环保，同时也是高品位的度假胜地。在全球化的今天，我们已经被"现代主义"所包围，西方的建筑和价值观充斥着我们的视野，娱乐着我们的感官，慰藉着我们的心灵，我们已经淡忘了建筑作为一种地方性生活方式的存在，也忘记了千百年来祖先曾遵行的"人作为自然的一部分并依存于自然"的生活美学。与此同时，各种豪华酒店度假村的建造，为了舒适、方便而过量浪费能源、制造大量废物、破坏环境，造成无法挽救的损失。面对这一切，我们以一个设计师的热忱、努力和责任心脚踏实地地实践了一个高端生态度假村的案例，历时四年，待到山野葱翠时，竹别墅，终于绽放。

1　酒店隐于山林中

2　平面图

3　建筑外观

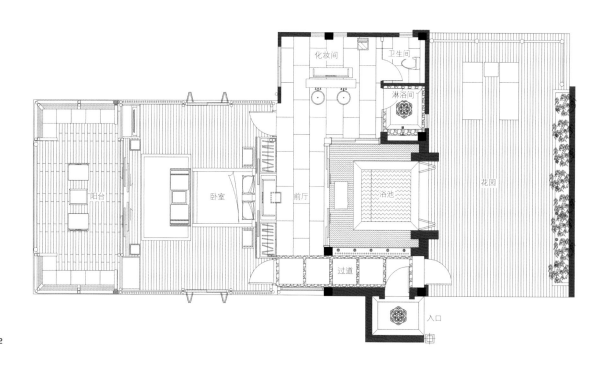

```
 | 2 3
1| 4
```

1-4　客房及其细节

1	3 4
2	5

1　建筑外观

2-5　室内细部

海利公馆
HULLETT HOUSE

| 撰　　文 | 春分 |
| 资料提供 | 海利公馆 |

| 地　　点 | 香港九龙尖沙咀广东道2A号 |
| 设　　计 | David Yeo |

作为香港政府"古迹活化"项目之一的海利公馆，被5家时髦餐厅围绕，却只有10个房间。每个房间以简单的设计手法进行空间规划，却呈现出完全不同的特色主题，隐藏于近130年历史的老建筑中，暗自欢娱。

海利公馆的前身是香港现存最古老的政府大楼之一——前香港水警总部。因为这座建筑始于1881年，实际上是在废弃的炮台遗址上建立，前身则是一艘名为"约翰·亚当号"的运鸦片船，只是同年年初起火烧毁，当时政府决定在此兴建水警总部大楼。于是，100多年以来，这里一直是香港水警署所在地，直到1996年方迁走，1994年则已成为香港法定古迹。

如今这片土地已成为香港炙手可热的潮流之地，名为"Heritage1881"，而海利公馆是整个"Heritage1881"的一部分，此外还有餐厅和名品店铺。沿石阶而上，你会看到这座维多利亚风格的建筑，过去的办公楼、马厩、报时塔、九龙消防局及消防宿舍所都已改造为酒店的房间和餐厅。值得一提的是，海利公馆的英文名为"Hullett House"，该名取自曾在亚洲生活和工作的19世纪英国植物学家Richmond William Hullett，他是发掘香港市花洋紫荆品种的第一人。

在酒店的众多餐厅中，最有趣的还是一层的马堡扒房（Stables Grill），该餐厅是由警署马厩"改造"而成。当人们推开高大沉重的马厩之门，里面不是飘香的干草，而是充满浪漫情怀的高级餐厅。室内全部由深色木材做装潢，墙壁装饰材料则来自国内一艘有50年航海历史的老船甲板。通向二楼的楼梯上，挂满香港菜市场专用的鲜红鸡蛋灯，更平添几分老香港的情怀。

长廊（The Parlour）酒廊前身为英国维多利亚式的殖民地前哨站，改建后的3间房间依然保留旧日的英伦风味；水警吧（Mariners'Rest）在水警总部已有过百年历史，是当时过境海员及警察的落脚点，现在提供源源不绝的啤酒。大胆的顾客还可以到楼内原有的监狱参观、畅饮，前水警曾将很多捣蛋水手和中外海盗送入铁窗。

但海利公馆最吸引人的还是房间。整座酒店共有10个房间，全部为套房，每个房间都有自己的名字和不同的设计主题。马湾套房的设计灵感是中国的儒家院落元素，红白绿黄四色重彩四柱床上方矗立全尺寸文庙模型，床头灯和宝座式座椅以手工精雕细刻，背后是全手绘壁画，描绘农民在田间劳作的中国农村景象；银矿湾套房则浪漫得令人不可自已，整个房间全部纯白，而且是地道的路易十四风情，天花板的白色帷幕配大水晶灯，还有洗手间的爪角浴缸，被称为蜜月套房；"贝澳套房"则采用了上海的Art Deco艺术装饰风格，令人重温1930年代爵士乐队、疯狂舞蹈及迷你短裙的昔日情怀。 ■

| 1 | 2 3 |
| | 4 |

1　酒店外立面

2　马堡扒房

3　长廊

4　隆涛院

```
1 2
3     4
```

1   长廊
2   水警吧
3-4 圣乔治餐厅

| 1 | 2 3 |
| | 4 |

1-4 客房

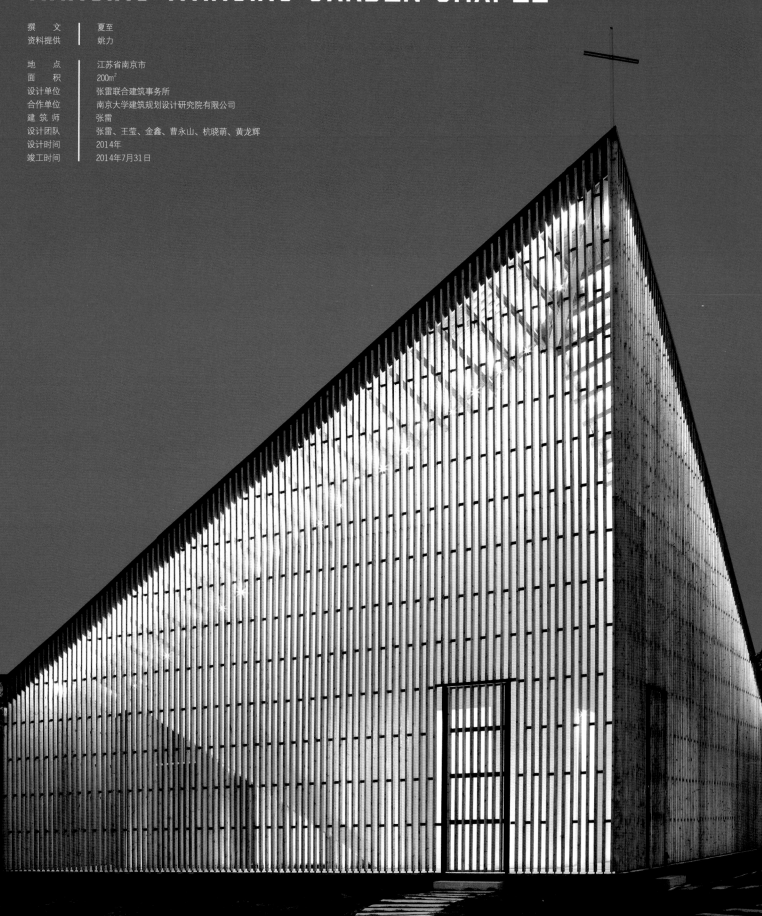

南京万景园小教堂
NANJING WANJING GARDEN CHAPEL

| 撰　　文 | 夏至 |
| 资料提供 | 姚力 |

地　　点	江苏省南京市
面　　积	200m²
设计单位	张雷联合建筑事务所
合作单位	南京大学建筑规划设计研究院有限公司
建筑师	张雷
设计团队	张雷、王莹、金鑫、曹永山、杭晓萌、黄龙辉
设计时间	2014年
竣工时间	2014年7月31日

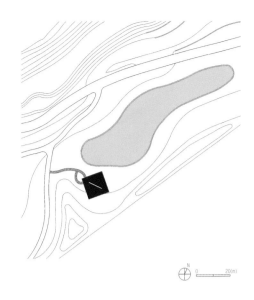

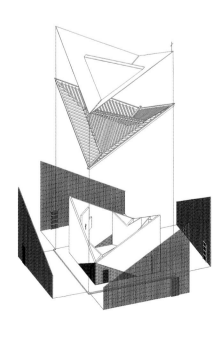

"只要以里面存着长久温柔安静的心为装饰。这在神面前是极宝贵的。"

——《彼得前书》第3章第4节

在传统的教堂建筑中，建筑师往往凭借巨大的尺度来营造距离感和塑造神的意象，哥特式的教堂在此曾经达到一种巅峰状态。但这种庄严正经的风格早已不再是现代教堂的调调，众多建筑大师也因设计出独树一帜的教堂而一举成名，如柯布西耶的朗香教堂、阿尔瓦·阿尔托的三十字教堂、安藤忠雄的"光之教堂"。多数新建教堂都不再拘泥于传统教堂的惯有形式，而是注重宗教气氛的创造。

来自南京的建筑师张雷就在南京市河西新城创造了一个洋溢着温情的小型教堂，这座现代小教堂并没有履行传统的巨大尺度，让人心生敬畏，相反，宗教在这里成为沁人心脾的温泉，人与神之间亦展开了一种新的平等的对话方式。教堂坐落于南京的一条小河边，200m²的规模让它显得小巧而精致，两个三角形状的外立面组合在一起，形成了一个对称的蝶形屋顶造型。竖向的木质格栅几乎成为立面的唯一元素，给予了教堂非常简洁单纯的形象，配上屋顶的黑色木瓦显得精致富有层次，在水中倒影的映衬下体现出内敛平和的东方气质。目前，该教堂由南京联合神学院的牧师负责主持，提供如礼拜、婚礼等宗教活动服务。

对立统一

张雷是国内最早的一批实验建筑师之一，多年来，他的建筑作品一直带有鲜明的个人特色，他的设计中所要表达的是几何与非几何、强烈与孱弱、清晰与模糊。这是一种对立关系的统一体现。"我把这种对立与统一称为：简单的复杂性、熟悉的陌生感。看似很简单，但是内容和含义很丰富；貌似

很熟悉，却又隐藏着一定的神秘感。"张雷说，"这是非常东方的想法。西方思维强调理性，非黑即白。而东方思维能够把一个完全对立的东西，用一种方式表达出来。"

万景园小教堂的施工周期仅为45天，这在建造史上也算是个案。面对如此紧张的工期和有限的造价，"轻"建造策略是张雷的选择。他认为，这是最简单而直观的解决方式。"把复杂的东西都过滤掉，用最简单的方式回应复杂的需求，一针见血是最好的。"脉络清晰的折板屋顶钢木结构，配合"光"这种"廉价"的素材，为动感和张力的空间赋予了丰富的表现力。内部的所有表面涂饰白色，把主角让给空间和光。外部所有的材料：木质格栅、沥青瓦屋面保持原色并等待时间的印记，把主角让给大自然。

在整个构造体系中，用于"包装"的木格栅显然是最为突出的表现，这也是建筑师最费心经营的部分。木格栅的表皮仿佛是给建筑穿上了件衣服，塑造出了愉悦、轻而有质感的效果。这是个材料和安装都极其简明的钢木张拉结构。木条精致轻盈，有着如锦缎般的质感，大大超出了其本身结构受力的日常经验。其长度最大达到12m，截面仅38mm×89mm，由上下两端的金属件连接屋顶和地面，让木材保持其擅长的受拉状态（其拉力对于提高轻质屋面的稳定性也很重要）；相邻木格栅条之间又被不易察觉的U形金属构件相连，获得构件的稳定性和安装精度。

显然，张雷并不会满足于一个抽象而静态的方盒子，那种表面的"朦胧"感是他所不屑的，他喜欢将含蓄与迷离隐藏在那些不经意中，形成种复杂的暧昧。在保持这个小教堂空间纯粹性的同时，张雷做出了一个令人吃惊而又极其简明的操作——将平面中

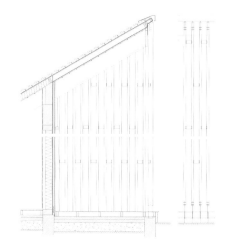

暗藏的对角线延伸到屋顶结构。这个操作被以同样的逻辑使用了两次：顶面南北向的对角线下移，底面东西向的对角线上移，二者形成的斜面在建筑高度的中间三分之一段重合。由此产生精致折板屋面，同样是空间、力、材料的高度统一。

光的欲望

并非只有高耸入云如通天塔般的教堂才能获取上帝的青睐。在基督教神学的思想中，"光"所指代的便是耶稣。张雷此次就抛弃了引向天空的塔楼，牢牢抓住了这个神学精髓——"光"，让人与神于此地此刻相聚融合，营造出一个充满神秘宗教力量的内部空间。他解释道："光是这座教堂空间内用以表达宗教力量的重要主题元素。"

这座非传统的现代主义教堂简洁明快，建筑的木质结构直接反映到教堂内部，同时，被赋予了最圣洁的白色，对称形式加上略带变化的韵律感带来神圣的美感。整

个设计最为巧妙之处在于其独特的回廊空间，这个回廊解决了组织各功能部分的交通，更重要的是形成了主厅空间的双层外壳。设计团队认为，静谧的 SPF 格栅外壳，既是外部风景的过滤器，又意味着内部宗教体验的开始，而封闭的内壳，则是为凸显教堂顶部和圣坛墙面专门设计的光带照进来的纯净天光效果。

在这里，光，很单纯，它仿佛成为了上帝的启示，准确无误地从屋顶的窄缝中投向下方主厅座席中央，而除此之外的其他自然光则小心翼翼地通过格栅温柔地渗入主厅封闭墙体上精心布置的开口，不着痕迹地照亮了这个屋顶精致的结构纹理。人工光源的设置除了照度的基本需求，其布置的重要原则是以木框架屋顶为反射面。无论在室内或室外，人工光线都让人感觉翼形折板屋面结构本身作为一个具有奇妙纹理的发光体，覆盖整个教堂空间。END

1 　西北立面
2 　木格栅细部
3 　木格栅构造
4 　回廊

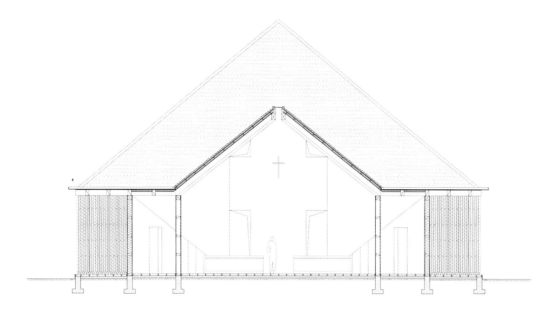

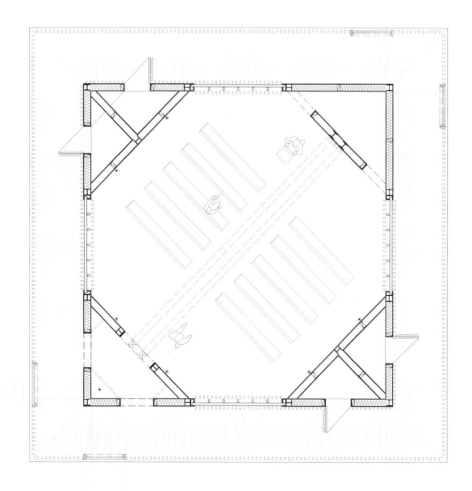

1 剖面图

2 平面图

3 沿湖透视

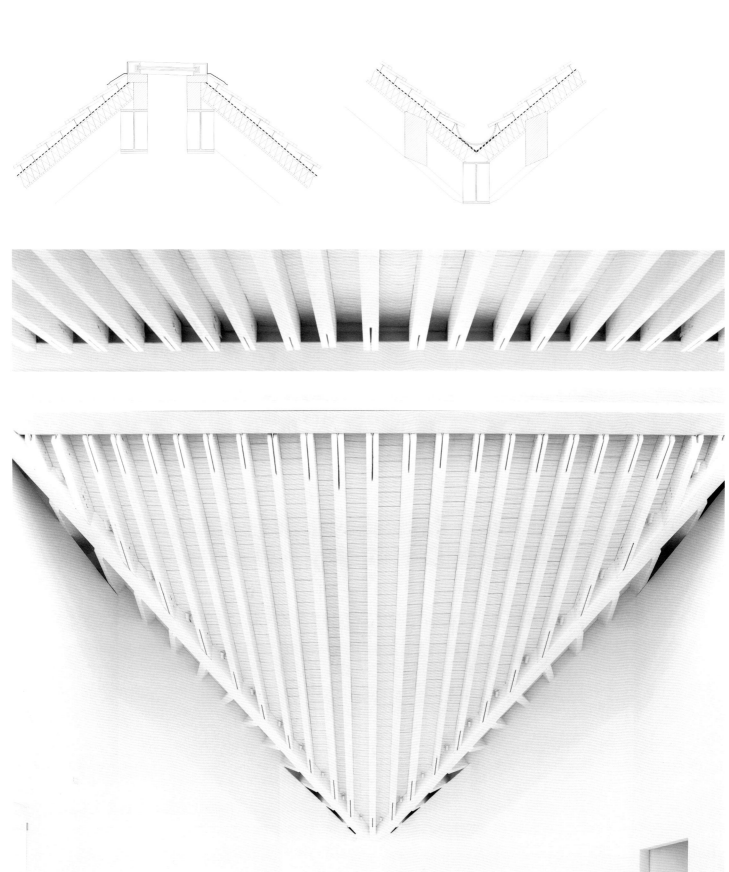

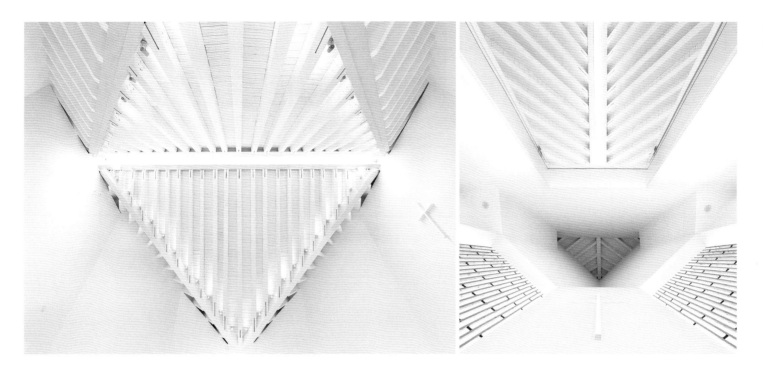

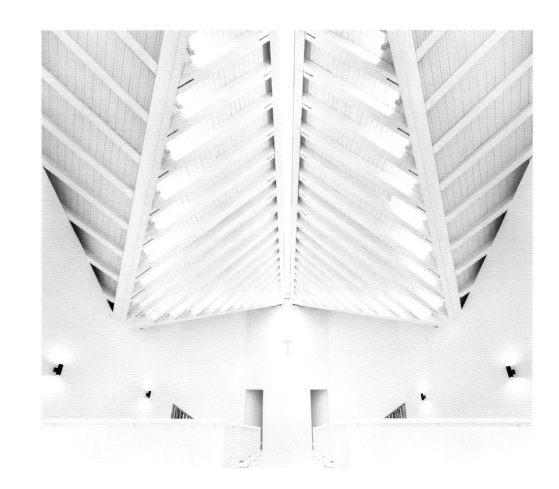

松鹤墓园接待中心
RECEPTION CENTER FOR SONGHE CEMETERY

撰　　文	致正建筑工作室
摄　　影	陈颢

地　　点	上海市嘉定区嘉松北路3 485号松鹤墓园
面　　积	4 936m²
建 筑 师	张斌、周蔚（致正建筑工作室）
主持建筑师	张斌
项目建筑师	袁怡（方案设计）、 金燕琳（初步设计、施工图设计、室内设计、景观设计）
设计团队	李佳、何斌、杨　敏、王佳绮、何茜、麻宇翔、 廉馥宁、王晨曦
合作设计	上海伊腾建筑设计有限公司
建设单位	上海市嘉定区松鹤墓园
施工单位	上海均泰建筑工程有限公司
结构形式	钢筋混凝土框架结构（局部钢结构）
主要材料	干挂花岗石材，钛锌板，陶瓦，平板玻璃，夹纸玻璃， 大理石，木质饰面吸音板板，塑木板
设计时间	2011年10月~2014年10月
竣工时间	2014年11月

1-3　接待中心室外图

接待中心位于松鹤墓园的核心位置，东临墓区主干道，北靠墓区停车场，南、西两侧都紧邻墓园。作为墓园内的主要公共建筑，接待中心集业务接待、入葬仪式和办公管理等多种功能于一体，承担了平日的市民购墓、入葬和祭扫事务接待，以及清明、冬至两大扫墓高峰时节的大流量接待工作。由于场地有限，同时面对道路和墓园的外向视野或缺乏特色、或不宜引入，这让我们在一开始就坚定了"内向性"的策略选择，用江南传统的"宅园"结构中的多重围院模式来组织空间，院落与厅室相依相生，并依托内向的、有差异的庭院景观与使用方式创造出宁静、平和、有冥想性的空间氛围。

整个场地分成相互串联的、由院墙限定的四组庭院：居中的大庭院里横亘的是18m跨度的业务接待大厅，四周都有庭院环绕，大厅北、西两侧的透明界面使空间完全向庭院延展。接待区以北是包含有大小两个葬仪厅的落葬仪式区，每个葬仪厅都坐落于专属的庭院空间内，之间以曲廊连接。接待区以南的一组院落里是由数个穿插并置体量曲折串联起来的办公会议区，大小会议厅居中向南突出俯瞰整个墓区，两侧的办公室都配有曲折变化的小尺度庭院。接待区和葬仪区的东侧沿路部分布置的是包含有花店、小卖部的为葬仪及祭扫服务的配套服务楼；它和其它三个部分之间正好形成两个内凹的入口庭院，分别对应东侧临路的主入口和北侧通停车场的次入口。

庭院景观的设计在整个项目中具有关键性的作用，并奠定了不同区域的空间氛围基调。北侧葬仪区的庭院全部白砂铺地，不种植物，院内沉寂空灵，透过落地长窗与全白的葬仪厅室内融为一体。南侧办公会议区的庭院草木茂盛，生机盎然，与葬仪区的素简形成一种对仗关系。中部接待区的庭院兼有南北两侧的素简与生机，将植有高大乔木的居中石板铺地平台与两侧植有睡莲的水池结合在一起，沉静中透出灵动的气息；接待大厅前的入口庭院居中坡道，两侧跌水结合种植，运用与接待区庭院相似的手法在进入建筑之前就营造出别有洞天、引人入胜的气氛。

围合与限定这些庭院的厅室及院墙的物质形式与构造方式也延续了整体上平和大度而又精巧雅致的设计思路。控制建筑形态的主要元素是高低错落的、出檐深远而又轻盈的深灰色规则双坡陶瓦屋面。外立面上二层窗台以下的基座部分及院墙都是带有深色条石压顶与勒脚的浅灰色干挂花岗石墙面，二层窗台以上至屋檐以下的墙面都是带有幽暗光泽的竖向锁边的深灰色氧化钛锌板，只有在接待大厅的北、西两侧运用了通高的玻璃幕墙，为大厅引入更多的庭院景观。接待大厅的室内设计也是本项目的一大重点，铺地、墙面及大厅一侧纵向展开的长长的接待台都使用了温润的米灰色大理石满铺，与坡屋面下吊顶的桧木饰面吸音板配合得相得益彰，更显出大厅宜人氛围。大厅西端的一部分地面略有下沉，是玻璃隔断分隔的收银后台及大堂经理用房，其上的夹层是从屋面结构上悬挂下来的、全部由双层半透明夹纸玻璃包裹的贵宾洽谈包房。大厅屋顶在通高部分和有夹层部分之间利用屋脊位置的落差在两片屋顶之间形成一个横向的高侧窗采光带，为大厅深处引入了自然光线。 END

1 | 4
2 3 | 5

1-3.5　温润米灰色大理石为主的室内设计，
　　　凸现场所的宁静肃穆

4　　接待中心会议室

绩溪胡氏宗祠
"百瓶图"的视觉特征与文化意蕴

撰　文　| 陈泓

图1 "百瓶图"所在的胡氏宗祠寝殿和两庑

一、引言

绩溪龙川胡氏宗祠坐落于安徽省绩溪县瀛洲乡大坑口村，为明嘉靖年间兵部尚书胡宗宪捐资兴建。数百年间，胡氏宗祠虽然在特殊的历史事件中遭遇损毁，历经数次修缮，但总体保存完好，被誉为"江南第一祠"。作为徽州宗祠建筑的杰出代表，胡氏宗祠不仅规模宏大，建制完备，更为重要的是，以木雕为首的建筑装饰更是明清时期徽州民间雕刻工艺的活化石。其中，位于寝殿正面、两庑以及殿内两侧的隔扇门裙板之上的"百瓶图"，以其题材鲜明、数量众多、工艺精湛、内涵丰富，具有极高的欣赏价值和图像志研究价值（图1）。

二、"百瓶图"的视觉特征

胡氏宗祠的"百瓶图"裙板木雕现存52幅，作为"瓶"主题的系列组合作品，数量之多，雕刻之精美，即便在建筑装饰之风盛行的古徽州地区，也极为罕见，其视觉特征集中体现于构图、造型、材质及辅助元素等方面。

（1）构图规律

在构图上，"百瓶图"大体可分为三组不同类型。第一组位于享堂商字门内部两侧，原有8扇，现存5扇，图像呈现平面化，瓶体装饰复杂，瓶插花卉表现为抽象的图案特征，画面空白以飘带纹样填充，而最大特点是在每件花瓶衬以"博古八宝"的内容，其中，左侧连续四幅在瓶体的背面分别雕刻"琴"、"棋"、"书"、"画"，而另一侧残存下来的一幅则雕刻"如意"图案，整个画面雍容华贵（图2）。第二组位于寝殿正面和两庑的隔扇门上，是"百瓶图"中数量最多也是最精美的，原有54扇，现存36扇，整组雕刻精湛，花瓶和瓶托表现为透视效果，瓶身图案刻画得细致入微，瓶插花卉则更为写实。第三组位于寝殿内两侧，原有12扇，现存11扇，花瓶、瓶托和瓶插花卉的刻画均为平面化形式，器形也比较单一，雕工远不及前两组精致。

"百瓶图"52幅图像虽造型各异，但异中求和，它们共享同一构图模式，表现同一母题，画面主体均由瓶体、瓶托和瓶插三个部分组成，且比例分配基本一致，核心图像外以夔纹"画框"装饰，整组图像体现和而不同的构图特征。

（2）瓶体造型

"百瓶图"在瓶体造型上的变化奠定了其重要的视觉价值。根据瓶口、瓶颈、瓶腹的比例关系，大致可以将"百瓶图"中瓶的造型分成四类。第一组为"观音瓶"，其瓶口、瓶颈到瓶腹的轮廓完整清晰，此类图像在"百瓶图"中有23件；第二组为"鹅颈瓶"，其瓶口较小，瓶颈细长，瓶腹饱满，共有17件；第三组为"罐形瓶"，无瓶口、瓶颈和瓶腹的区分，呈丰满的罐形，共有7件；第四类为"觚形瓶"，其瓶口开放，尺寸较瓶颈、瓶腹都大，呈盆状，共有5件（图3~7）。

而每组图像中，瓶形又有着不同程度的差异。从瓶的平面形式来看，数十幅瓶体，无一雷同，有方形、球形、鼎形、圆形、六角、八角等；从瓶体轮廓来看，亦是或圆润光滑，或棱角分明。丰富的造型变化，也成就了"百瓶图"极强的装饰性和艺术价值。

图2 背景为琴棋书画的百瓶图部分

图3 "百瓶图"瓶的四类造型

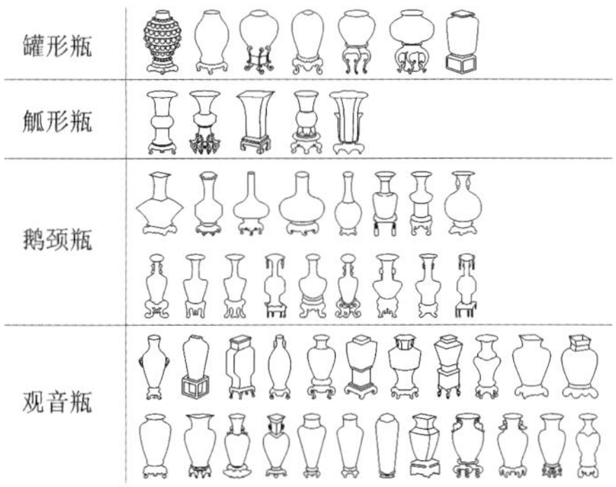

罐形瓶							
觚形瓶							
鹅颈瓶							
观音瓶							

图4 观音瓶

图 5　鹅颈瓶

图 6　罐形瓶

（3）材质表现

"百瓶图"中，工匠对瓶体肌理的刻画非常精准，将瓶的材质表现得淋漓尽致。按材质大体可分两类：青铜器和瓷器，其中青铜器 21，瓷器 31 件。两庑右侧第一组，一件周身圆环装饰的橄榄瓶（图 8），竟刻画出铜环的金属质感，该图像甚至打通了视觉到听觉的感官通道，观此图像，似能闻叮当之声。同组另一件鹅颈瓶饱满圆润（图 9），则表现出瓷的温润之感，瓶身所绘的装饰图案也清晰可见。

无论青铜还是瓷器，均体现出明清文人对瓶之鉴赏"贵铜瓦、贱金银"的价值取向。胡氏先民热衷于此类质地的表达，体现了明清时期徽州好儒、崇尚清雅之趣的社会风气。

（4）瓶体装饰

"百瓶图"对于瓶体的雕饰也极为讲究，可分为两类，"纹样"和"图案"。其中，青铜瓶以"纹样"为主，包括兽面纹、蝉纹、夔纹、三角雷纹、勾连雷纹、乳钉雷纹、菱形纹、龟背纹、八卦纹、回纹、万字回纹等[1]；瓷瓶装饰既有"纹样"，也有"图案"，除回纹、冰裂纹、冰梅纹、云纹、菊花锦地纹等纹样外，瓷瓶也多雕饰植物、山水、人物、花鸟、琴棋书画、蝙蝠、寿字、如意、卷草、锦鸡牡丹等图案内容。胡氏先民通过雅致、吉祥的"纹样"和"图案"，来表达其审美趣味和价值取向。（图 10~13）

除图案化的瓶体装饰外，"百瓶图"还添加了多种辅助元素，瓶耳的处理便是重点。"百瓶图"中，有 20 件花瓶都点缀了造型各异的瓶耳作为装饰，包括环状、如意形、云纹形、鹰嘴衔环、鹿首、兽首衔环、海棠花环等；也有在瓶身附加装饰元素的，如前文所述的橄榄瓶装饰了 48 个圆环，另一幅罐形瓶则带状装饰了 9 个方环；此外，每一组图像均设计了造型各异的木质瓶托。多样的装饰元素丰富了"百瓶图"的图像内容，提升了其装饰性。

（5）瓶插元素

瓶插花卉是"百瓶图"的另一主体，在图像的处理上，除享堂背面保存的一组 5 幅较抽象，其他 47 幅均采用了写实图案，栩栩如生。花瓶形态各异，瓶插亦各不相同，包括花卉、果实和枝三种类型。其中以花卉数量最多，包括牡丹、玉兰、鸡冠花、瑞香、萱草、长寿花、海棠、兰花、月季、荷花、菊花、梅花等；果实有寿桃、佛手瓜等；枝则有桂花花枝。瓶插布局疏朗有致，正所谓"插花不可太繁，亦不可太瘦，高低疏密，如画苑布置方妙"[2]，"百花"对应"百瓶"，更加丰富了"百瓶图"的图像内容，也构成清秀、雅致的装饰特征。

注释：
[1]郭廉夫，丁涛，诸葛凯.中国纹样辞典[M].天津：天津教育出版社，1998.
[2]（明）张谦德，袁宏道.瓶花谱·瓶史[M]张文浩等编著.北京：中华书局，2012.
[3]（日）柳宗悦.工艺文化[M].徐艺乙译.桂林：广西师范大学出版社，2011.

图 7　瓶形瓶

三、"百瓶图"的工艺文化传统

胡氏宗祠"百瓶图"的前图像志分析必然要思考其最本源的工艺和物质基础，显而易见，徽州社会的雕刻工艺传统由来已久。

（1）徽州雕刻工艺的传统

徽州雕刻系统大体上分为两类，一是刻书、木刻版画、墨模、篆刻等所谓精英文化艺术的领域，这部分工作内容要求工艺精湛、刀法精细。二是与庶民百姓日常起居紧密联系的器物和建筑装饰，如家具、粿模等，其中，建筑装饰是百工施展雕刻技艺的重要阵地，也是普通百姓可以享用的雕刻艺术，此类作品在明清徽州俯拾即是。无论刻书，还是建筑雕饰，在徽州的造物活动中均同享"雕刻"的技术系统和经验，刻工们以此技艺来改造生活空间，根据不同的使用目的而选择不同的媒材，最终形成不同的雕刻模样，"百瓶图"正是其中精品。

（2）"百瓶图"的工艺特征

胡氏宗祠"百瓶图"裙板木雕位于寝殿、两庑围合的内向型空间四周，为配合天井的光源，"百瓶图"选择了浅浮雕工艺，雕刻深度在 10~20mm 之间，既方便观者正面欣赏，又能够利用光影效果突出造型。

"器物之美一半是材料之美，只有适宜的材料才具备优良的功能，没有良好的材料就不能产生健全的工艺"[3]。"百瓶图"选择性能优良的香樟木为雕刻材料，其木质细腻，纹理清晰，质地坚韧，不易折断且不易产生裂纹，整幅图像不饰髹漆，或仅髹以透明的桐油，充分展示材料之美的同时，也尽显雅致之风。

"百瓶图"裙板木雕的创作，经过了放样、粗坯、半粗坯、精刻、刮光、打磨和上光等工艺流程。放样即是将绘制在宣纸上的图稿平整地裱在加工好的木板上；粗坯则是用平凿、圆凿大段铲切，快速制坯，勾勒出轮廓；半粗坯便开始刻画图案本身，讲究用刀如笔；精刻是在半粗坯基础上处理细节，使画面生动，形象逼真。"百瓶图"不饰髹漆，因此对刮光和打磨的工艺要求极高，画面完成后需要用刻刀对画面的"地子"进行反复的刮光处理，以达到平整光滑，此时，木材的纹理，便清晰地表现出来；而图案本身的打磨更为重要，工匠要使用不同规格的锉刀反复打磨作品细节，使整个画面光滑细腻，浑然一体。"百瓶图"最后的上光处理运用了两种不同的方式，一类不做髹漆，而是通过长时间的包浆，逐步形成光滑细腻的表皮，呈现出温润的瓷器质感；另一类，则髹以透明的桐油，经过抛光处理，散发出熠熠生辉的金属光泽，呈现青铜器的质感。

（3）"百瓶图"文人化的制像传统

在中华民族的民间雕刻中，鲜有如徽州一般，文人意识对民间雕刻工艺有如此深刻的渗透。换而言之，徽州的文风蔚然滋养了徽州艺术的蓬勃发展，其中徽州版画、徽州刻书、徽州墨模等雕刻艺术的繁荣，对徽州建筑木雕的创作影响极大。具体到胡氏宗祠"百瓶图"，其呈现的形式和内容，在徽州刻书、版画和墨模中都曾有大量的出现。明万历年间吴养春刊刻的《泊如斋重修宣和博古图缘》、《泊如斋重修考古图》记载了大量的青铜器物的造型、尺寸和纹饰；明末清初胡正言刊刻的《十竹斋书画谱》则记录了大量的植物图案；而《鉴古斋墨薮》中也记录了徽州制墨大师汪近圣所制一套《御制花卉图诗墨》，雕刻了桂、梅、荷、菊、荼蘼、海棠、牡丹、玉簪等48种花卉图案，这些图像，均以不同的视觉形式再现在"百瓶图"的图像体系之中（图14）。

图8 青铜罐形瓶　　图9 鹅颈瓷瓶

图10 瓶体上装饰的"冰梅纹"　　图11 瓶体上装饰的"万字回纹"

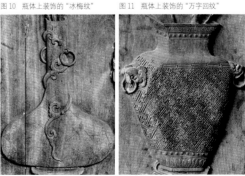

图12 装饰八卦图案的青铜花瓶

图13 观音瓷瓶装饰"金鸡牡丹图案"

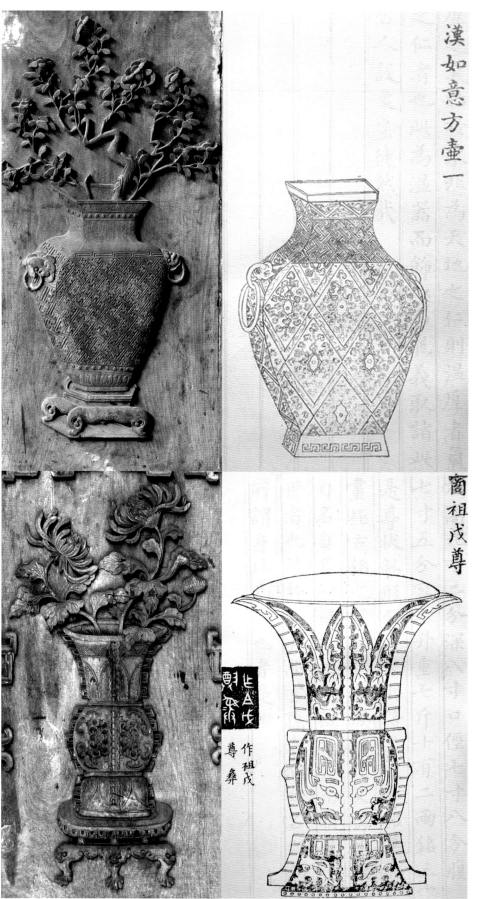

图14 泊如斋重修宣和博古图录中器物形制与"百瓶图"之比较

四、"百瓶图"的文化意蕴

"图必有意,意必吉祥",徽州先民在制像过程中,非常重视图像背后蕴涵的寓意。胡氏宗祠"百瓶图"便以其古典、雅致的画面,兼寓意丰富图像内容,寄托了胡氏族人的心理诉求和美好愿望,作为一种符号,展示出极为丰富的多重文化内涵。

（1）祈福纳祥

众所周知,因为谐音,"瓶"与"平安"的吉祥暗示和心理关联由来已久,在中国传统装饰中,"百瓶"意喻"百世平安",亦有"百事平安"之意。可以说,徽州巧匠们通过"百瓶图"的创作,将这一题材的艺术创造推向了顶峰,因为"百瓶图"远不止于刻画形态各异的博古瓶型,而是以"瓶"为核心,结合瓶插花卉,瓶体的装饰等辅助视觉要素,延伸出更为丰满的吉祥意义体系。比如:"百瓶图"与瓶插玉兰、海棠、迎春、牡丹和桂花等图像组合,取其谐音,寓意为"玉堂春富贵",象征吉祥如意、金玉满堂、平安、富贵和权势;瓶插佛手意喻多福;瓶插水仙可避邪除秽;瓶插瑞香则祈愿"祥瑞"降临;瓶插菊花、寿桃、长寿花则祈福延年益寿;瓶身上描绘"锦鸡牡丹"象征"吉祥富贵",而瓶身雕刻蝙蝠、寿字则意喻福寿延年,一组"百瓶图",便寄托了胡氏族人对生活平安、富足、安康的美好愿景。

（2）子孙教化

"百瓶图"展示了龙川胡氏的望族身份和地位,同时也反映出宗族对子孙登科入仕的祈愿。罐形瓶中一枝鸡冠花,寓意"官上加官"（图15）;而与桂花花枝组成图像,则借"折桂",意喻科举成功。"百瓶图"亦对子孙的道德自律提出要求,如瓶身上雕刻冰裂纹或冰梅纹,意在劝谕子孙只有通过寒窗苦读,方能出人头地;瓶插荷花借其"出淤泥而不染"的品格,告诫子孙即便步入仕途也当以廉洁自律;而瓶身刻绘菊花锦地纹,取"菊"与"局"的同音,告诫要有"大局观"。

（3）人生警示

"瓶"也常意喻"平和"与"平静",走进"百瓶图"环绕的胡氏宗祠寝殿,心境也会顿觉安宁。"百瓶图"告诫胡氏族人"行商"或是"业儒"的成功都离不开平和平静的心态。商人以追逐利润为目标,而徽商却在"厚利"和"信誉"中选择了后者,保持平和的心态,不急功近利,注重商业道德,成就了"儒商"精神,而当经营中面临机遇或危机时,更要保持平常心,方能审时度势,在商海沉浮中立于不败之地。研读经书亦是如此,只有做到平心静气,才能追求儒学之精髓,领悟文字中之真谛,方有"登科入仕"的可能。"百瓶图"的意义表达,润物无声地关照着徽人"亦儒亦贾"的价值结构。

"瓶"亦有"守口如瓶"之意,正如晋朝傅玄在《口铭》中便写道:"病从口入,祸从口出。""百瓶图"想必也有告诫子孙无论入仕为官或是下海经商都需谨言慎行的含义。

如此看来,"百瓶图"的意义表达不仅仅停留在平安吉祥的层面,更是一部指导子孙进行人生修为的图像教科书,成为宗族教育别有趣味的形式,一副"百瓶图"充分表达了胡氏先民在物质、精神和政治上的诉求。

结语

胡氏宗祠的"百瓶图",堪称徽州雕刻艺术中的精品,同样是我国明清时期民间装饰艺术的瑰宝。在装饰形式上,徽州巧匠将同一题材以多样化的造型语言和工艺技巧予以表现,追求"和而不同"的制像境界,其典雅的装饰特征,符合胡氏族人的审美情趣,其深层的文化内涵,更反映出胡氏族人的生活理想、文化心理和价值观念。徽州装饰图像浩如烟海,"百瓶图"只是冰山一角,但是,其深邃的意义表达与变化精湛的图像形式,对于我们走近徽州先民的物质生活、精神文化、生活追求和民间信仰,也许能提供一个新路径,其艺术价值和民俗文化价值也值得我们更深入地探索。

本文作者隶属安徽大学艺术学院,本文为 2012 年安徽省人文社科规划项目《徽州色彩文化在皖南国际旅游文化示范区的应用研究》（项目编号：AHSK11-12D33）的阶段性成果 END

图15 罐形瓷瓶寓意"冠上加冠"

建筑设计教学中的质疑推动法

THE POSITIVE ROLE OF QUESTIONING IN THE EDUCATION OF ARCHITECTURAL DESIGN

撰　文 | 董晓、王方戟

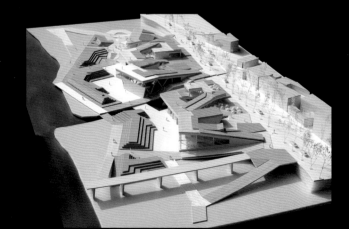

建筑设计教学中的质疑推动法

作为一门以实践为主要目标的课程，建筑设计教学往往是一种师徒式的教授模式。教师像师傅一样将自己的经验及知识以传授的方式教给学生。但是随着设计对象、设计方法、设计思考复杂性的加强，师徒式教学方法在学生的设计学习过程中全覆盖的话，将把学生局限在教师的自我品味之中，会很大程度上影响他们主动积极地对专业未知领域进行探索。相对比较理想的模式是，让学生在本科阶段有更大的自由，让他们可以对专业进行主动的摸索，并逐渐形成自己相对稳定的专业理解；他们在这个理解的基础上选定研究生阶段的努力方向，并明确导师；这样在研究生学习阶段就可以部分延续传统的师徒式教学方式，让学生更直接地从教师那里接受到一套稳定成熟的建筑观，从而对他们日后的发展形成参考。为此，本科阶段的建筑设计教学应该是一种鼓励学生进行主动思考的教学方法。建筑设计课程中的质疑推动法便是非常行之有效的教学方法。

当今的建筑及建筑课题设计已经不仅是技术层面的事情，作为一种资本及权力的重要载体之一，建筑的社会性也越来越强。除了实际建造或功能使用等方面正误判断外，建筑师还须要有对建筑社会性及其与建筑设计关联形式的明确立场。今天很多建筑的概念以及创新性也是从与建筑相关的社会性领域中进行思考后得到的。

传统的知识传授模式更适合建筑学知识领域内本体部分的教学，对于建筑学领域外的那些部分则往往会显得力不从心。为了让学生对专业的理解更加宽泛，让他们把触角延展到专业之外，从一个更加整体的视角来看待自己的专业，今天的建筑设计教学也应该有一种更加开放、更加有利于吸收非本体的相关内容的教学方法。设计教学中的质疑方法是鼓励学生扩展专业认识的重要手段。

学校中的建筑设计训练与设计实践相比最大的区别是其受到的约束比较少。这主要是因为实际项目中会产生的约束在教学中很难模拟。然而接受这些约束，对眼前的各种复杂条件进行综合分析，最后用建筑学的手段进行解决，这是建筑师所应该掌握的重要意识及技巧，也是建筑设计之趣味所在。建筑设计教学中仅仅有知识性内容传递的话，就很难对这种复杂状况进行回应。设计教学中质疑推动法可以很好地对其进行模拟。建筑实践中不断接受质疑、不断改动的状况完全可以以这种方式落实在课程中。在这种方法的驱动下，学生所要回应的不是具体某个情况怎么去应对，而是一种从质疑中看到推动设计力量的能力。面对质疑所采取的方法不是僵硬地解决一个问题，而是在众多问题中，梳理轻重缓急关系，最后找到恰当的切入方式，将设计逐渐推向综合完美。

建筑设计教学中的质疑推动法是，教师与学生对他们设计中可能存在方向性问题的地方进行讨论；教师不以直接否定的方式，而是在了解学生用意的基础上，质疑学生的设计用意及其与设计中相关问题的关系，进而让学生主动进行设计意图梳理的教学方法。这种方法可以在学生的疑问中传授建筑设计的知识，也可以避免教师因个人爱好而对学生设计中存在的潜力进行否定。不依赖个人的形式喜好，而是尊重学生的个性，以逻辑为依据进行教学推进，这是当代职业建筑设计教师应该具有的基本意识。质疑推动的教学符合的是这样的教学理念。

当然，建筑设计教学中质疑的具体方式应该有教学上的计划。比如教学中不能对学生设计中存在的所有问题都同时进行质疑，而是应只质疑在当时方案发展阶段最重要的个别问题，让质疑引导学生按设计的秩序循序渐进地考虑设计中的问题；比如教学中质疑的更应是原则性的问题，与喜好或习惯相关的问题则不宜进行太多干涉；比如质疑与引导方案发展的方向相结合，让学生自然地将设计推导到一个方向等等。总之，这是一种以质疑为手段逼迫学生自己整理思路，自己否定自己不恰当的想法，进行自我纠正，最后找到正确设计结果的教学方法。以下本文就这种方法在建筑教学中的具体运用进行阐述。

正面质疑

建筑设计课程中质疑的内容可以大致分成四种：第一，关于建筑建造及规范等技术性的部分；第二，关于功能使用合理性和人行为舒适性的通识部分；第三，关于空间、尺度、城市体量关系是否合适的建筑本体的部分；第四，对设计概念和建筑物质形式之间关联的讨论。这四点中前三点具有一定的经验性，可以被积累和总结；最后一点则比较模糊，并难以把握。但是作为支持设计核心的东西，它应该自始至终被讨论、总结和调整，最终帮助学生形成从事设计实践时候

应有的正确立场。

建筑设计课程中的质疑是指出学生设计中在功能、建造可行性上等方面不正确的东西，让学生进行自行改正和解决，或协助学生判断从概念到设计的逻辑是否理性，梳理逻辑后让其重新考虑。但在具体的教学中，情形并非如此单纯。学生作业概念阶段的典型情况是，学生方案从概念到设计物质成果之间的关联并不如此明确。这时，与其不纠清楚概念与物质之间的关系不罢手，不如不以学生方案由概念到设计的单线关系角

度出发，而是直接判断学生的阶段性设计结果是不是合理、可行和有潜力。教师在质疑

概念到形式的逻辑问题或概念本身不合理的同时，也为学生指出这个阶段性设计结果在别的方面的潜力。所谓"正面质疑"指的就是抛开对形式生成过程的质疑，直接判断物质形式潜力的视角，以此来引导学生从物质客观的视角，倒过去审视自己的阶段性设计，并修正概念及设计策略。这样质疑方式很容易将学生从概念与形式的漩涡中引导出来，而不是僵死在某些无法用设计实现的概念之中，让他们走向一个建立在物质成果基础上的设计策略。

建筑设计的概念可以在非常多的层面上成立，其形式也多种多样。对于有些建筑来说，概念更是一个说法，并不一定必须有与之相匹配的空间和行为。但是这也不能阻止以这个概念引导出来的建筑是个好建筑。因此教师针对学生设计方案做判断的时候也须从物质层面上进行直接判断，看物质的结果是否有其优点。仅仅纠结学生方案中概念、逻辑的对错，纠结其所讲的故事是不是完整，纠结其说法与结果之间是不是合拍，而放弃对结果的直接判断，不是一种恰当的教学方法。

并不是所有的建筑设计都是从非物质的设想开始，并不是所有建筑都是从对人行为的设想、社会学上各种资源调配的设

想开始的。很多建筑确实是从一个形式开始的。这种以形式开始的设计中也可以融合非物质的思考。教学中对于学生方案中某个契合形式的各种可能性进行挖掘，最终也能使其成立。这样，设计中的形式、空间、结构等因素都有可能成为建筑设计的概念。另外，即使学生在设计的概念阶段提出了行为或社会学上的设想，这些设想也并非肯定可以被物质化。所以提出了一个想法就一定要不折不扣地将它物质化的想法也是不对的。在设计教学中常见的是，学生有一个概念，但那只是一个朦胧的立场。这个概念与物质化的形式之间的关系由于教师的不断质疑而进行不断的调整。最后在质疑的逼迫下概念的立场逐渐丰满了起来，其物质化的形式也逐渐与概念之间更加相配。设计就是在这样一种概念及物质表现之间相互调整的循环。

正面质疑的教学方法在同济大学建筑与城市规划学院 2014 年毕业设计课程宋佳妮同学的作业发展中有明显的体现。这个设计的课题是在宏村外围的村落中设计一个适应的公共设施。设计开始时学生提出的概念是在村落旁可以看见宏村的水岸边设置一个将游客与村民分开的建筑。这个概念本身并没有太多特征，将游客与村

民过于区分也无助于建筑活力的提升。但是这个阶段学生分析图示的两个流线及空间在水岸边相互交织的草图却让人很感兴趣。因而教师在课程的初期没有刻意否定概念的合理性，以及从概念到形式的逻辑性，而是鼓励学生依据形式的特征推进设计。在学生设计深化的过程中，教师用尺度问题、人流关系的问题、各种技术问题对设计进行质疑，使其逐渐调整。尤其是鼓励学生用游客和村民使用功能的复合性，挖掘形式本身具有的丰富交错感，将空间的潜力进行提升。经过这样的过程，设计受到了潜移默化的影响，学生自动对最初应该受到质疑的概念进行了调整，最后完成了一系列将村民和游客活动混合在一起的地景建筑。建筑中平台、步道使建筑与周围环境融合在一起，也使建筑中的人与环境之间可以有自由的交流。

有预谋的质疑

从设计教学的角度来看，质疑是对学生设计进行推进的方式。这种方式不应该仅仅有理性、有道理就够了，它同时也应该是有预谋的。所有质疑的问题应该是一个系统，区分轻重缓急，考虑推进路径，并被安排在恰当的阶段。对于被质疑的问题是如何推动设计、往哪个方向推动，教师应该有较为全面的掌握。

具体来说，在设计课程早期应该让学生在基地调研和提出初步概念的基础上自由地创造形式。不指向设计的基地调研和标新立异的概念往往无法在最后取得满意的成果。在调研及产生概念的设计课程前期，老师要帮助学生确立大关系。这个阶段的质疑应该以推进大关系的确立及合理化为导向。大关系有两层含义，一是指想要通过建筑设计解决什么问题、实现什么有益的事情等抽象的社会化的意义，另一

层指一个合适的形式策略。这两个层面缺一不可。以宋佳妮同学的毕业设计为例。这个设计中学生很早就确立了想要实现从小尺度的际村旁街道到滨水景观的过渡这一概念，以及由多组平台及坡道组成的形式系统。这些也是她最后设计成果很好很完整的重要原因之一。教师在这一阶段悬置了一些功能、建造上的实际问题，将质疑集中在恰当的大关系在两个层面的产生上。对于这两个层面，也可以分开进行质疑：用社会性的因素、常识、空间资源分配是否合理去判断概念，用是否适合场地、是否解决问题等质疑形式。同时教师运用之前提到的"正面质疑"开启设计发展的其他可能性。也就是与学生讨论从一个概念出发，是否可以产生多个可供选择的形式；或者从目前已经选定的形式出发，是否能调整概念，以获得更多的好处。然后用

这些可能性去使前面所述的两个层面上的决定合理化、明确化。经过这个质疑过程检验的设计，在后续的深化上就会更有依据和意义，也更易落实。这种对概念（目的）和形式（手段）清晰、灵活可松动的认识是这个时代的建筑师除了技术知识外同样需要具备的。

当然，在实际的设计课程中，学生回应了教师的质疑之后，也很可能会在设计

中引起新的问题。这些问题不是解决了就可以，因为除了问题本身外，建筑设计中有一个总体的追求，设计中也有对新空间、新建筑模式所能激发的新行为模式等的追求。为此，学生不得不去尝试新的解决这些问题的方法，并利用这个机会为设计带来新的机会。

因此在设计训练的时候，每个阶段教师依然有对设计大关系的判断，引导学生在每次应对具体问题的时候都能构想它们对设计主题的达成带来了什么潜力，设想设计概念因此产生了什么样的调整。伴随着对设计各方面的质疑，对大关系的讨论还是要维持在设计课程的大部分阶段。宋佳妮同学的毕业设计产生了形式和过渡小尺度街道与大尺度滨水景观的概念以后，教师一直通过对实际问题的质疑将学生引导向复合村民和游客活动的概念，并不断从功能的布置、流线安排上强化这一概念，逐渐将这一让不同人群活动混合的概念融入同样丰富的形式。

设计课程中期设计的形式和概念相对稳定后，质疑的作用转为引入各方面的因素，以期用它们与形式之间的冲突对形式进行打磨，使形式更具有行为及体验上的意义。这样也使设计的细节在控制及协调下逐渐浮现出来。在宋佳妮同学设计推进的中期汇报过程中，教师不仅质疑功能安排合理性方面的问题，更是指出空间或位置的某些特性可以和特定的功能产生关联；不仅质疑流线的合理与否，更是指出这个流线的改动带来新的行为方式的可能。教师要求在这个地景式的建筑中要考虑穿越基地的水圳。这不仅仅是要求学生对城市基础设施及水体进行考虑，也是希望利用水圳这个因素为设计带来更多的条件，让学生在设计中吸收这个意想不到先决条件的同时，将建筑推向更加整体和综合的状态。设计课程的中期，这些看似细碎、实际的问题的引入并不是仅仅为了贴合建筑实践而生的，它更多是为了让学生体验这些实际条件给设计带来的机会。

设计后期的质疑集中在结构、构造等建筑技术的层面，是相对知识性、物质化的东西。对学生来说这些内容是相对容易理解的，对教师来说它们也相对容易传达。对于这些问题的质疑需要结合学生自己对最后建筑的空间效果、立面形式的想象来进行。针对这些问题的主要的决定由学生自己完成，教师只提供建造可行性上的质疑和建筑技术上的支撑。宋佳妮同学的设计在空间格局、建筑形式、平面等大致确定后，教师以设计中一个茶餐厅为例罗列了一些结构的布置方法，以及不同方法对视线、空间效果的影响，再让学生自己去设计整个建筑的结构。经过这个阶段多轮的质疑，设计课程对于技术层面的训练要求达到了，学生也以自己的努力学到进行深化设计的方法。

总结

设计课程中教师提出质疑不仅是为了保证学生能设计出一个好用、可建造的建筑，它也是对今天建筑实践方式的一种回应。即今天建筑师在进行实践时，不得不回应复杂的专业及社会的问题。质疑的方法在内容及形式上都让学生处在一个复杂的问题环境中，让课程就像一个准实践一般。质疑推动的教学方法也对建筑设计课程提出了新的要求：培养学生判断社会情况形成自己的概念、并将概念通过建筑实现的能力，以及从建筑形式中看到其在功能、美观之外的特点及价值的能力。质疑推动法是一种能让学生自由形成自己的建筑观并在建筑本体方面得到训练的建筑课程授课的方式，它帮助学生逐渐形成清晰的对概念和形式的思路，同时训练学生解决问题、用冲突来推进设计。在运用这个方法的时候，教师传递的是质疑对设计的推动作用，这不仅是为了解决问题，更是一种看到解决问题后设计能被推送到另一番光景的能力。对于学生来说，当暂时没有形成清晰的概念，或者概念无法被建筑化，或者现阶段概念到形式的逻辑说不通的时候，未尝不可以抛开有问题被质疑的部分看看形式本身的潜力，以此来反推概念或生成新的概念。<small>END</small>

教学计划 课程总结 宋佳妮同学完成情况

1

3 月 5 日
城市设计概念提出

宋佳妮同学将游客和居民的活动分离开来，给他们规划各自容易到达的活动范围和路径。

老师认可了不同使用者在一块场地上的交汇是有趣的，但未必要严格分开。

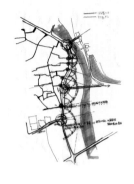

2

3 月 10 日
城市设计
建筑单体设计概念
提出

从流线生成了形态，二层给居民使用，沿河层给游客使用。

老师认可了这个形式作为很好的开始，但质疑了尺度和每根斜线背后的逻辑。指出了该形式连接小尺度村落和大尺度山河的潜力。

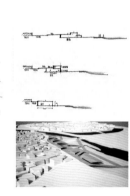

3

3 月 17 日
城市设计中期汇报
建筑单体设计概念
体量关系

缩小建筑范围和尺度。

老师强调了把这样的大尺度地景建筑和人身体关联的重要性。

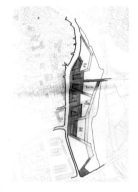
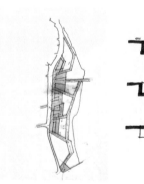
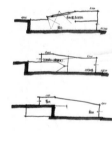

4

3 月 20 日
建筑单体设计
功能布局
体量关系

缩小了建筑体量。推敲了大致的功能布局，根据功能要求增加了内院。

老师再次质疑了游客和村民活动的两分，建议增加从道路到河滨的穿越，村民和游客可以在沿路和沿河间走动，增加活力。

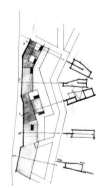
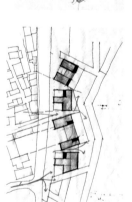

5

3 月 24 日
建筑单体设计
功能布局
空间组织关系

交织了服务游客和村民的功能。

老师提出连接沿河和沿路不同高差的步道应该放在一起设计。提出村内水圳要穿过建筑所在位置，汇入西溪。

教学计划	课程总结	宋佳妮同学完成情况
3 月 27 日 功能布局 空间、流线组织 **6**	具体化了功能布局，引入水圳。 老师质疑了关于餐厅后勤流线、沿河面的功能是不是能支持它的活力、流线是不是便捷合理、每个功能房间的容量是不是够、是不是有采光等问题。	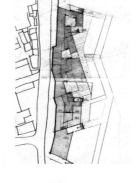 
3 月 31 日 深化平面 用功能性要求挖掘形式所产生的空间的合理性和意义 **7**	结合电脑 3D 模型深化平面。 老师质疑了关于公共性与私有管理、餐厅食梯、不同功能空间上是否要有关联等问题，提出水圳可以发展成一个水景广场。	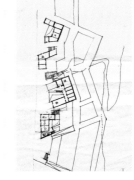 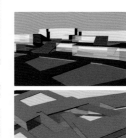
4 月 3 日 深化平面 用功能性要求挖掘形式所产生的空间的合理性和意义，进一步把形式和人的活动关联起来 **8**	结合电脑 3D 模型深化平面。 老师质疑了关于餐厅后勤、功能性房间的尺寸、可达性、房间能享受的景观等，提出了底层防汛的问题。	  
4 月 7 日 结合模型挖掘空间丰富性 进一步把形式和人的活动关联起来 **9**	结合实体模型深化平面。应防汛要求设计了景观性质的堤坝。 老师引入如何进行建筑结构设计。	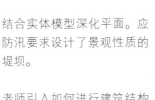  
4 月 10 日 建筑设计中期评图 -1 景观设计 **10**	1：200 实体模型建筑结构设计 老师要求对这个地景建筑上的平台坡道以及上面人的活动进行设计。	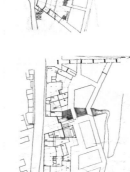 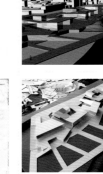 

教学计划	课程总结	宋佳妮同学完成情况

4 月 24 日
平台、景观步道设计

11

深化平面，景观步道、平台细化设计，防汛挡墙景观化设计。

老师要求进行构造设计，提出构造和立面有关，要用电脑模型来推敲室内效果，根据动线、人的活动来布置家具。

4 月 28 日
结构和空间关系、立面形式关系的讨论

12

电脑模型

老师和学生讨论了怎么用立面的要求来调整结构和构造。

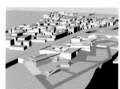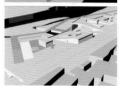

5 月 4 日
结构和空间关系、立面形式关系的讨论景观构造的讨论

13

电脑模型
1：50 详图剖面

老师和学生讨论了怎么用立面的要求及建造可行性来调整结构和构造，以及景观部分的构造。

5 月 8 日
空间处理微调和构造讨论

14

深化平面
1：50 详图剖面

老师质疑了功能上、建造上的细节问题，用室内空间效果的要求深化构造设计。

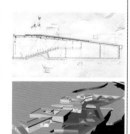

5 月 12 日
形态处理微调和构造讨论

15

深化平面
1：50 详图剖面

老师质疑了功能上、建造上的细节问题，使形体形式更丰富；用立面形态的要求深化构造设计。

教学计划	课程总结	宋佳妮同学完成情况

5 月 16 日
建筑设计中期评图 –2
构造和人身体体验的
关系讨论

16

5 月 22 日
讨论图纸表达
构造剖面

17

6 月 11 日
终期评图

18

规划、建筑设计概念解释
表达平面调整。

老师提出用空间感受、人
的身体体验来调整设计。

平面调整
1∶50 详图剖面

老师讨论了构造的基本是
要在结构上可被建造出来。

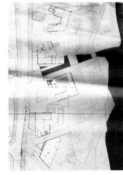
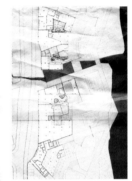

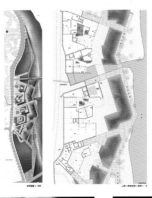

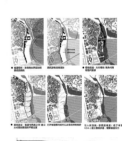
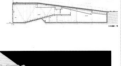

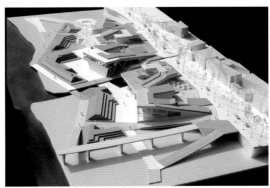

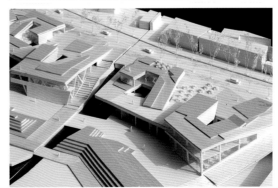

庄慎：
建筑师需要有严肃的思考精神

撰　文	刘匪思
肖像摄影	祝君
资料提供	阿科米星

　　庄慎，阿科米星建筑设计事务所合伙创始人、主持建筑师，国家一级注册建筑师，同济大学建筑与城市规划学院客座教授。

　　在同济大学建筑设计研究院任职期间，庄慎主创的浙江海宁"钱君·艺术馆"获"上海市1999年度优秀勘察设计优胜奖"；"同济大学中德学院"获2004年第三届中国建筑学会建筑创作优秀奖。

　　在主持大舍建筑设计事务所期间，庄慎所主创的"青浦私营企业协会办公与接待中心"获2006年美国《商业周刊》/《建筑实录》评选的最佳商用建筑奖和2006 WA中国建筑奖佳作奖。在创立阿科米星建筑设计事务所后，其作品"嘉定新城规划展示馆"获2010年英国皇家特许建造学会"施工管理杰出成就奖"；"上海文化信息产业园B4/B5地块"获2012年WA中国建筑奖佳作奖。应邀参与国内外的各种展览：2002上海双年展；2003法国巴黎蓬皮杜中心当代中国艺术展；2003德国杜塞多夫当代中国建筑展；2012米兰三年展；2012"时代·创造"2012中国设计大展；2013西岸建筑与当代艺术双年展等。

ID =《室内设计师》

庄 = 庄慎

时代环境影响下成为一名建筑师

ID 您曾经在震泽古镇生活和学习了很长一段时间,这段水乡经历是否影响了您之后决定以建筑师为职业?

庄 我是小学三年级的时候去了震泽镇,当时我父亲在当地一所中学担任语文老师。我小时候待的吴江,外婆老家所在的同里,包括震泽,都是从一条河与一条路延展成一个小镇的。那个年代的古镇,并不像今天那种像新造的"主题公园"。虽然是小镇,震泽中学却是省重点中学,给我们上课的老师都非常好。虽然功课很紧张,比现在还是要轻松很多,也没有那么多题海战术。我记得有段时间孙道临来震泽拍电影,我们放学后都去拍摄地看热闹。电影名字叫《一盘没有下完的棋》,在电影院上映后,我隔着银幕看震泽,第一次感觉到古镇的魅力,与现实的感受很不一样。我读书的那个年代,读书好的学生自然而然地就会选择理工科。有句俗话"学好数理化,走遍天下都不怕"。在这样的氛围下,我那时也就顺应时代,选了理科班。

ID 当时高考填志愿,建筑系是您的唯一选择吗?

庄 我是在苏州中学念的高中,当时心里已经很明确要去学建筑,选了几个学校的建筑学专业。但是我有点搞不清楚建筑和规划这两个方向的区别,就去咨询了一位苏州规划院的熟人,他推荐我选了建筑系。苏州中学是寄宿制的高中,我所在的地区班也需要住宿。虽然当时高考压力很大,竞争也远比现在激烈,但并没有特别的题海战术,每晚9点半都会准时熄灯睡觉。比我女儿现在读初中还早睡,她现在每天做完作业都要将近10点半,甚至更晚。那时候的教育质量非常高,当时老师给我们上课的那种行云流水的感觉,我今天还记得十分清晰。

班上大部分同学都选择了那时比较热门的电子、医学、自动化控制或是金融专业,我们班只有两个学生报考建筑,其中之一就是我。1989年,同济大学建筑系的招生分数很高,连我在内,我们这届在江苏省就招了两三个人。

ID 进入同济大学建筑系之后,实际接触的课程与之前想象的建筑系是否有所不同?

庄 考进学校之前,我知道建筑系肯定就是设计房子的。一拿到录取通知书,我就练习素描,暑假里每天练画素描,搞得事态很严重的样子。因为同济建筑系的入学,还要通过"美术加试"。其实这个名词让人会有误解,搞得建筑学和艺术学院一样。这个"美术"主要是考学生的空间绘画能力,看他们对空间表达和认知的手绘能力是否能跟上建筑系的授课。我觉得读建筑系是非常有意思

1-2 同济大学中德学院 © 张嗣烨

的，接触到各种丰富多彩的课程，既有理工科的思维训练，也需要关注人文学科。从小学到高中，我们学的那么多数理化知识似乎在大学里没有延续，但作为建筑系学生，很多考虑问题的思维逻辑来源都在那里。学建筑系还有一点很好玩，可以有素描和水粉画写生实习，到古镇考察什么的。我读书的时候都是手工制图，那个时代的建筑系教育和整套教材和课程都相对完整。现在我在同济大学做客座教授，不论过去和现在，这都是一门非常有意思的学科。

ID 读建筑系一直都是门压力颇大的专业，**您**读书的时候也像现在的学生一样需要经常熬夜做方案吗？

庄 我们那时候虽然是手工制图，但作业的绘图量要求没有现在那么多。今天的建筑系三年级做作业，需要分阶段性图纸还有一个巨大的模型。我们那时候一般用两张 A1 的图，还有一个比较小的模型就能完成。有时候我看到现在学生为了做作业熬夜也挺不忍心的。不过，现在的学生与国外建筑系的同学相比，工作量不算大。我读建筑系的时候，没有网络，图书馆里的外文书籍也不多，没有那么多信息过多导致的焦虑感，知识的吸收也没那么碎片化。基本上把有限的知识解读得更为整体，领会得更为深入就可以了。

以前没有那么多像走马灯转般的建筑明星活动和讲座，那时候对我们而言的大师，都是诸如柯布西耶、密斯·凡·德·罗、阿尔托这些现代主义的精英。整个建筑界也没那么多纷繁复杂。说到熬夜，我是直到工作之后才开始熬夜做项目。

ID 您本科毕业的时候怎么会想到继续读研究生，当时是做了哪个方向的毕业论文？

庄 我当时拿到一个保送研究生的名额，于是就跟郑时龄先生读了研究生。郑先生带两个研究方向的学生，分别是建筑理论和建筑设计。我对中国建筑的传统空间和庭院感兴趣，当时我和郑先生说了想法，他同意我做这个方向的题目。我们那时候的中国古代建筑课对民居和庭院涉及得非常少。可以说做这篇硕士论文对我十分重要，在寻找资料和实地考察的过程中，建立了一种看法和态度，尤其是对于空间的关系和整体性的认识。做了这个研究之后，我回过去再看冯纪忠先生和葛如亮先生的项目，更能理解他们对整体关系和空间的组织特征。这个思路在我后来的建筑实践中影响了很长的一段时间。

ID 从您写的文章中，感觉您是一位比较偏思索型的建筑师，而且著作颇多，当时硕士毕业后为什么没有考虑从事建筑教育方面的工作？

庄 我认为我是一个实践型的建筑师，希望从研究和实践两个方面共同进行。在中国，建筑领域的实践方式与其他学科不一样，只有在第一线的接触才能得到深刻的感受和积累。当然，我毕业的时候也没想太多。当时的风气是既然社会上有那么多可以做的项目，学建筑设计出身的做设计又是天经地义的，在学院和建筑领域又有一个"重实践、轻理论"的普遍认知。总之，在这样的氛围下，我就进了设计院，一头扎进城市建设的洪流中。

在建筑项目大爆棚的年代反思

ID 28 岁就主持设计同济大学中德学院项目，您这段在设计院的经历在今天看来也带些传奇色彩。能否说说那个时期的经历？

庄 1997 年硕士毕业后我进了同济设计院，那时的设计院好像只有 200 来个人，整个建筑室一共 30 多个人。十几年前和现在很不一样，换作今天，一位刚进设计院不久的年轻设计师就开始负责项目是十分难的一件事情。我觉得也不是因为运气好，可以说我们这个年纪的建筑师都遇到了这样的机会。当时一下子要负责很多项目，习惯性地把方案做出来也是可以的，不需要考虑太多。在设计院的三年经历，我觉得对锻炼建筑师的职业素质，了解施工组织和项目的实际建造，很有意义。

对我而言，是从一名学生转向职业建筑师的基础。当时的机制比较简单，所以我在设计院时期做了不少项目。

ID 这个"简单"的机制是什么样的？

庄 我赶上了全国建筑项目大爆发的时期。年轻人在设计院，只要干得动，就会有大量的实践和学习机会。那段时间，工程设计规范没那么复杂，没经验的年轻人掌握起来也快。审图也是设计院自己负责，由资深建筑师和项目负责人审核和校对，当时我的不少设计项目都是找吴庐生先生帮忙审图、盖章。现在出正式的施工图纸，专业审图公司就要审图一个月的时间。当年要是以这样的速度，是没法做出那么多项目的。这段经历我也时常回想，比我更年长的建筑师或许面临过比我们这代更简单的设计流程。不同的年代会有不同的经验积累方式，你总要找到适合这个时代的设计方式。

| 1 | 3 |
| 2 | 4 |

1-2 嘉定博物馆

3-4 富春俱舍书院

ID 怎么会想到和柳亦春、陈屹峰一起成立大舍？

庄 柳亦春，我们读本科的时候就已经认识。他比我高三届。后来，我们是研究生同学，又是设计院的同事，陈屹峰比我小一届，也是设计院的同事。

2000 年前后，独立事务所开始陆续成立。那时开个公司很容易，有市场，也有氛围。城市化和房地产都在蓬勃发展，有很多事情可以做。我们当时想法比较单纯，我们想做自己想做的设计，社会上开始需要个性化的设计项目，我们就决定自己领导自己。

ID 在那段时期接项目难不难？

庄 那时我们和国外建筑师交流，外国建筑师往往会好奇地问我们"你们的活从哪里来？"我们还觉得，这需要考虑吗？哪里找不到活？项目那时不挑的话还是很多的。

ID 独立事务所时期，您做过哪些项目？什么时候开始找到自己的设计定位？

庄 早期的时候，在开始走个性化、特征化

的道路之前，英伦风格的别墅也做，房地产项目也不拒绝，也替人做过"枪手"。不装，不定位，生存是首要的，基本是有活都干。在房地产业蓬勃发展的阶段，"首先是地段，第二是地段，最后还是地段"，无论是高层还是商品房都需要大量地生产出来，没有特别的思考创新，满足大规模生产的功能是首要的。即便有所谓的先锋和新锐，往往都是表面上的意思，背后意味着设计消费的差异性，其中不乏从国外贩卖来的"仿制品"。甲方也不挑，"挺新的，挺洋气的"，项目方案就行了。也是渐渐地，随着实践与思考，才越来越觉得要做有个性、有思想的事务所。

ID 是否这也是阿科米星（Archmixing）将建筑（architecture）与混合（mixing）概念的起点？

庄 我是慢慢地从做项目开始，逐渐形成自我认知。不是蜕变，也不是寻找新的某种事物，而是不断明确自己的个性。成立阿科米星也是这样，自然而然形成的事情。

1-3 莫干山庚村文化市集蚕种场

1	
2 3	4

1-3　位于苏州陆巷古村的双栖斋

4　上海衡山坊 890 弄 8 号楼

中国拥有如此大的建造量，如果无法催生思想特别可惜

ID 那么，您现在研究和实践的关注点在哪里？

庄 目前来说，我的兴趣点在城市与城市的建筑，我们越来越认识到，快速城市化和全面市场化是我们实践的语境，纷繁复杂的中国城市（城乡）现状是我们设计的出发点，也是自己身处其间、无法忽视的日常环境。在这样的实践环境中试图发现一些建筑学的新经验，一直是我们工作的动力。这其中，越来越吸引我们的正是那看上去问题无穷，然而又生机勃勃，仿佛蕴藏着巨大力量的日常城市与建筑。特别在中国，我们拥有这样大规模的建造量，没有出些新东西特别可惜。在我们这个岁数，如果有什么需要彼此间进行交流的话题，那么就是我们这个年纪的建筑师是需要有些使命感。如果不搞出点东西出来，那我觉得实在交代不过去。

ID 在阿科米星的官网上，你们每位合伙人的介绍里都列出了颇丰的著述，是否也是你们成为一个团队的理由？

庄 我们事务所非常注重理论和实践结合起来。对于怎么将明确成熟的理论或是思考，

在实践中体现出来，也是一直困扰我们的地方，这是作为身在实践第一线的实践建筑师面对的现状，我希望不论是研究还是考察，都围绕我们对于城市的观察和思考，希望能把这些思考统一起来，这样的想法让我们感到现在的工作很有意义。事务所不仅是一桩生意或一家公司，也是一个能开展和支持研究工作的地方。

ID 您现在同济大学担任兼职教授，也写过一些有关建筑教育的思考，您觉得对现在学生而言最重要的是什么？

庄 相比过去信息闭塞的年代，现在对于老师怎么教，同学怎么学，提出一个更为现实的问题。如何面对当代那么多资源和案例、那么多思想理论，没有自主选择和判断意识就无法把这些吸收成自己的东西。

ID 最近在忙什么项目？

庄 我们工作室最近搬到上海桂平路的一个在工业厂房中的临时场所，会为这里的园区做个改造项目，其中也包括我们自己未来的办公楼。一些与各事务所合作的项目也正在进行中，还在南京进行一些乡村改造的实

践。在研究领域，我们确立了对城市建筑的关注。

ID 您的"双栖斋"听说由原业主转卖后变化很大？

庄 "双栖斋"被卖掉是很正常的事情，这也是建筑生命的一部分。就像城市里有那么多房子，今天是这个功能，明天又变成其他功能。另外比如说上海开埠到现在，那些看上去"永远"的建筑都经历了多少剧烈的变化，更别说民间的房子。我觉得这些都是真实的常态。改变的东西比固定下来的多很多。

ID 现在媒体传播都在往新媒体方向转，您主持设计的嘉定博物馆被某家视频新媒体报道后，转发数十万。大众领域的传播对您的设计或是承接项目有直接影响吗？

庄 媒体传播会影响别人对建筑师的认知。我觉得与媒体的关系应该是视需要合作，这会对工作、公司发展以及学术交流推广带来帮助。但不要被媒体主导，有选择地与媒体合作，才能安心做事情。由于兴趣，我也算对消费文化略知一二，所以对这些现象还算冷静吧，我知道热闹背后大概是什么。**END**

处处有景致
——记椒江岭上会 SPA 会所
SCENES STEP BY STEP

撰　　文	洪堃
资料提供	宁波市高得装饰设计有限公司
摄　　影	潘宇峰
地　　点	浙江省台州市椒江区
设计单位	宁波市高得装饰设计有限公司
主设计师	范江
项目参与	丁伟哲
书画艺术	范江
类　　型	足浴SPA
竣工时间	2014年

此设计项目是足浴SPA会所，名曰岭上会，这是设计师与业主的第二次握手，会所的名字亦由设计师所取，第一次是在温岭，相同的经营项目，由于设计融合了当地的特色文化，岭上会已被温岭旅游局指定为室内旅游景点，有了良好的合作基础，才有又一次的合作，双方都有超越第一个作品的期待感，对设计师而言更具挑战意义。

室内设计师总鲜有碰到十分适意、可完成该项目的建筑条件，所以先要应势设计内部建筑，才能顺畅地表达设计意图，设计师的水准也是从平面布局图开始得以崭露。这是一个2层空间，每层挑高5.6m，外加一个如垃圾场般的大露台，设计师利用层高多建了个夹层，空间被最大化及合理利用，为了不使空间过于沉闷，局部做了挑空，有自上而下整面的绿植墙，有用陶瓷杯子贴在石墙上的造景，上下贯通，显气势，拉开了空间高度。设计师在做平面布局设计时，远眺、近视、俯视等各种视觉意图在脑海已开始演练，全局把控在心中。延续SPA会所放松心灵的主题，强调雅致的中国文人式的水墨意境，在大气从容间将美渗透在精神。

藤编球状组灯透过木格子造型闪耀着辉煌的暖光，传递出玲珑细腻的情调。细看那方格是两层，用重叠的方式，变成前后关系，显出一定层次感。抬头见"岭上会"三个字，似草非草，笔法独特，飞扬处气质沉静，有山岭的峻峭感，这是设计师手笔。外立面精致而不乏温馨，吸引人们往里走。

仿佛是深深庭院，展现在眼前的是用15cmx15cmx45cm实木摞起来的透空屏风，四周是水波纹样的木格，隐约透出在墙壁手绘的水墨写意荷花，让人犹如置身于荷塘。进入第二个庭院，用石头做的细方条格栅，折成一条曲折的通道，显得有质感。进入第三个庭院，一侧是12m高的流水墙，另一侧是设计师设计的用石条叠加方式搭成半人高的塔状造型，内装灯光，置于铺鹅卵石的水池中。一层是客人等候的区域，左边被隔成一间间如书房的雅座，客人在等待的时候可以喝茶、聊天、看书。走入二层：左边通道，一路过去，视线往下，看到铺设的石子、藤球、插花等小景；右边是普通包厢，包厢的背景用实木木块像积木一样搭出透光屏。走廊一边是石灰墙，另一边那包厢与包厢之间的墙面用木格珊封了一方空间，一直通顶，透过木格栅望到黄泥山体，山中绿草菁菁，宛若天成，实则造景。二层的垃圾场变成了一个非常漂亮的屋顶花园，在屋顶花园划出了一块区域，隔出了一个阳光房作为贵宾休息区。二层左侧是贵宾大包厢，有棋牌室、茶室，面对花园可观景，也可推门出去呼吸新鲜空气。将这最好的风景供于贵宾包厢，果是名副其实。二层夹层一边为SPA区域，入口的墙面是石板镂刻出方形小孔，内打灯光。由水波纹格栅状的矮木长椅与花格屏风组成的一个休息区，进入包厢，墙面那浅色竖纹的橡木饰面显得质朴温和，其中一个墙面有个长方形壁龛，不同包厢的壁龛装饰不尽相同，但都是用金属做成各种饰品：有竹叶，片片清灵秀气；有浮萍，或密或疏；有藤蔓花叶，缠绵柔美。

设计师将空间梳理成一个个自然院落，在回廊曲径中让宾客宛若游园，感受生命融入青葱自然的恬静与愉悦，将唐宋的美学元素与现代简约造型相融，在回归中有拓展，骨子里的优雅与纯净的气质一直是设计师在努力追求的。值得一提的是设计师为这个空间专门创作了五十多幅画。比如走廊中的三幅长卷，是荷花从花苞、全盛至萧瑟的一个生命轮回；贵宾室中那在山雾中的高山，巍然深远，大包厢中有摇曳在春风中的樱树，花朵纯洁得如梦般轻盈……设计师绘画有设计师的特点，挑选画框亦有独特的眼光，精心把握画心的位置，以保证整幅画的视觉效果。此次画作大都是黑白水墨，意境幽远，这些画提升了空间的品位与内涵，而在设计师指导下的配饰也深得要领，从而构成一个完整的作品。

何处有景致？处处有景致！ **END**

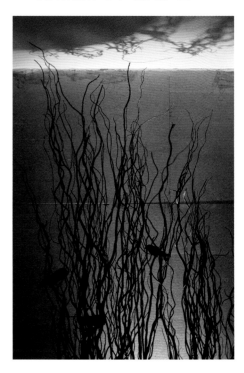

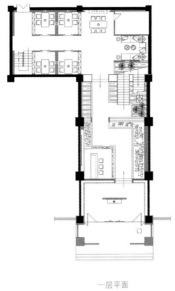

一层平面

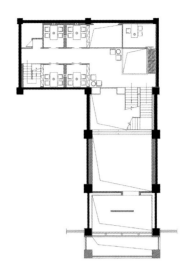

一层夹层平面

二层平面

1　石格栅通道，客人在下楼梯时可
　　看到这满墙的绿

2　小鸟在枯枝中寻寻觅觅

3　平面图

二层夹层平面

	1		3	
	2		4	5

1 一层大厅到底，茶艺师接待客户处。这幅壁画有个趣闻：原来画的是一幅瀑布图，业主端详半天说，"此为背水一战。"设计师只好另设计了一个小稿，让画师重新画过，水改为高山雾蔼，意为靠山。风水似乎大于设计，有时……沟通也很难

2 这样的精致小景比比皆是，让所顾之处皆有小小的惊喜

3 点、线、面组合，干净利落，层次分明，张驰有度

4 进入 VIP 贵宾包厢可坐电梯直上，此是出电梯向左的造景

5 简约、古朴而不乏现代的楼梯造型，二层上部气窗窗台展示了一些陶罐，让眼波流曳之处皆有景

|1|2|4|
|3||5 6|

1   "你在画中，我在篮里"，绿叶对绿叶的问候

2   包厢内外，透视与层次被打理得有条不紊

3   包厢间的自然造景，有的人蹲下身子想透过木格栅看看山体是否真
    实，却张望不到，设计师笑道："就是要保持这样的的神秘感。"

4   SPA 区的等候区

5   包厢以山为命名，比如黄山、泰山等，SPA 以湖为命名，比如西湖、
    洞庭湖等，小灯箱由设计师专门设计，字也是由设计师书写

6   SPA 包厢

自然、科技和艺术巧妙融合的办公空间
OFFICE DESIGN WITH NATURE, TECHNOLOGY & ART

撰　　文	J&A姜峰设计公司
资料提供	J&A姜峰设计深圳总部

地　　点	深圳
面　　积	3 000m²
设计单位	J&A姜峰设计公司
主要材料	大理石、电光玻璃、方块毯、冲空铝板、拉丝不锈钢
设计时间	2014年3月
竣工时间	2014年8月

```
    2 3
1
```

自然为艺术提供丰富的创作灵感和生命力，艺术为科技提供想象和创造的空间，科技为艺术提供实现梦想的方法。J&A 深圳总部办公空间的总体设计中，结合独具特色的中国竹文化，以 "竹" 为设计元素，用时尚、简洁的手法将办公室塑造成为一个自然、科技和艺术巧妙融合的办公空间。

电梯厅生机勃勃的绿植墙，在公司形象 LOGO 的设计上，别出心裁地采用了 "分" LOGO 的形式，各分公司的 LOGO 同时结合到绿植墙上，形成一个整体的形象展示。前台区域，由黑、白、灰、红组成的浅色空间，这是 J&A 集团形象色的组成。正对着前台的是一个由无数个小 J&A 字母组成的大 J&A 雕塑。在前台的设计上，打破常规，没有将其设置在正面，而是设置在了一侧，最大程度地利用了自然光线。

在前台背景墙的设计上，设计师运用了先进的投影技术，配合自然风光主题的画面，结合右边休息区墙上断面竹子的立体艺术品，将整个前台空间烘托得开敞明亮、舒适自然。会议室，全套智能系统及电光玻璃将会议中对光线、温度、演示以及隐私等各方面的需求进行了一体化控制，确保工作高效舒适的开展。墙面、玻璃门、拉手上设计有各种形态的竹子。开放办公空间，与墙面艺术画相益得彰的是巧妙的顶棚设计，散落的竹叶提供了基础的照明。

位于酒店设计区和商业设计区中间连接部位的材料展示库，不仅有利于工作人员能及时更新管理材料，让设计与材料更好地结合，更有利于促进不同专业在设计上的融合与交流。

创意十足的 "中央岛" (Central Island)，岛的前半部分是一个配备了多媒体设备的吧台区域，方便设计师们开展短暂的会议以及进行设计交流，Island 的后半部分是一个由 "竹林" 环抱的休息区，将工作与生活有机地结合起来。蛋椅、松果灯、书籍等让设计师们在工作之余得到充分的放松，激发无限的创作灵感。舒缓的音乐、设计漂亮的藤椅、木质的吧台、小巧实用的咖啡机、智能化直饮水机、琳琅满目的饮料自动售卖机……构成 J&A 开放式的茶水间休息区。

在培训室的设计上，首先是顶棚的设计，一朵朵云彩象征一步步走进云时代的当下趋势。两边的阶梯座椅，可灵活伸缩以满足不同人数使用的要求。前台背景是数码化的图形，再次强调 BPS 面向未来，致力智能化的信心与决心。设计大胆、新颖，加上蓝色灯光的点缀，更好地体现设计理念：真诚互动，实现科技与智能的结合。董事长办公室的设计沿用了整体设计中 "竹" 这个元素，将中国传统文化精神内涵与现代风格巧妙地融合在一起，并通过现代的设计手法打造出一个简约时尚又具东方传统韵味的空间。

由公司 LOGO 和具有代表性项目名称组成的窗户铁艺屏风，设计上是中国传统剪纸文化的现代表现。摆放有姜峰先生收藏的艺术品壁龛，在设计上结合独具特色的中国竹文化，既具中国特色，又现代时尚。经典的伊姆斯休闲椅，简约且富有现代感，彰显典雅生活格调。为室内带来温暖气息的真火壁炉和现代油画艺术，形成冷暖色调的对比，构成了整个空间的视觉中心。END

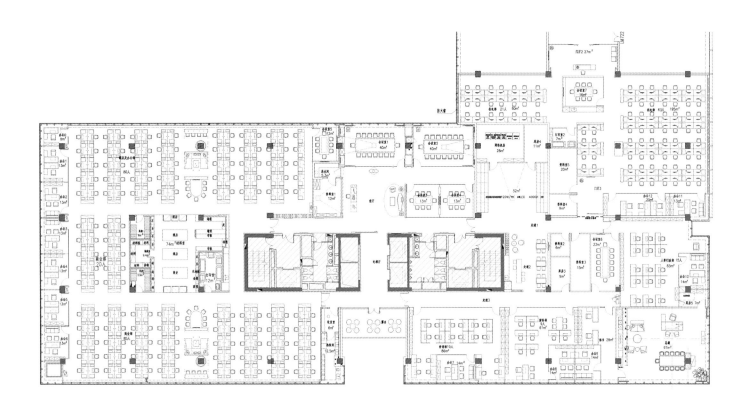

1	3
2	4 5

1 平面图

2 前台接待区全景

3 开放式茶歇区

4-5 会议室 & 走廊

1	3
2	4 5

1 　电梯厅绿植墙

2 　中央岛

3-5 　BPS 机电设计公司办公区

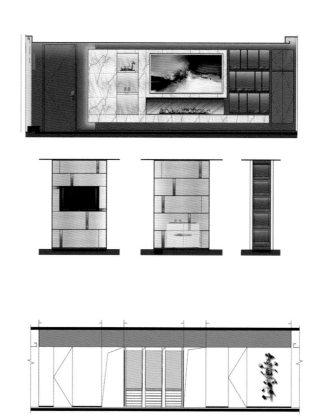

1		4
2 3		5 6

1-2 董事长办公室屏风 & 全景

3 董事长办公区立面图

4 培训室

5 装置作品

6 材料室

四海一家餐厅

ALL THROUGH THE OCEANS SITTING TOGETHER RESTAURANT

资料提供	新加坡WHD酒店设计顾问有限公司
地　　点	山西省太原市
面　　积	1 200m²
主持设计	张震斌
设计单位	新加坡WHD酒店设计顾问有限公司
类　　型	餐厅
设计时间	2014年11月

1 玻璃吊灯
2-3 火锅区

对四海一家，定然是情感大于设计，而怀旧多过创新。然而，作为始终坚持于餐饮界之品牌，在今骤然而变，昔日高大上，突变为亲、雅、闲。十几载始终如一的坚持，正悄然进行了一场发展进行曲。从菜系出品品质出发，让粉丝们徜徉在视觉和味觉的快感中，尽情体味其中的独特魅力。

在空间的设计中，采用灰色地砖、白色墙面和白色吊顶对氛围进行诠释，背景如同熟宣的纸页在淡淡的浸了墨色的水中一摆，造型稳静典雅的吊灯平平漂浮于背景之中，营造出稳定舒适的空间氛围。在协调、纯净的空间中，以亮色系家具和国际味道十足的布艺进行装饰，成为背景中突出的亮点，结合白瓷和玻璃吊灯，用光线包绕出就餐空间的私密感和舒适区。在火锅区的划分之中，原木色的百叶格栅隔而微通，规律的游走中又有出人意料的开口，正如几盏造型独特而尽显现代精神的的灯具，给幽逸的空间增添了几分趣味。陈设品现代而暗含了安徽文化元素的出发点、以抽象手法进行演绎。提取的是黄山迎客松、徽派建筑、宣纸、徽墨、宣笔、徽州木雕、灵璧石等特色文化元素，整合、重组后寓形于无，再现的是古为今用、中为西体的丰厚意蕴。整个空间被打造为一个立体的感性的国际的水墨画卷。

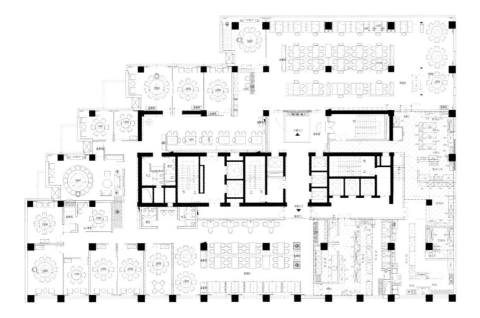

| 1 | 3 |
| 2 | |

1　平面图

2-3　火锅区

1	3	4
2	5	

1-5　中餐区

渔芙南
THE SOUTHERN FISH IN THE HUTONG

撰　文	左太明
资料提供	门里品牌顾问（北京）有限公司

项目名称	北京胡同里有条南方的渔
地　点	北京杨梅竹斜街里
面　积	65m²
设计单位	门里品牌顾问（北京）有限公司
类　型	餐厅
设计时间	2014年
建成时间	2015年1月

　　人们用食物祭祀神明，飨以远客，慰藉孤单或失落的心灵——食物这种东西太过美妙，你吃上一种东西就能想起一段经历，带上了记忆的食物总是会让人牵肠挂肚。正如设计师开的这家餐厅的初衷。

　　这家位于北京杨梅竹斜街里的餐厅面积不足 65㎡，室内因年久失修破旧不堪，室内呈窄长型，面宽 3m，怎样在窄长的空间里容纳最多客人又区别于传统餐饮空间？设计师很巧妙地把空间弊端"窄长"元素直接用在外立面上，高低错落的排列使窗户灵动了起来，在天气变暖的季节窗户便可向外开启，既可满足通风，也与室外窄长的街道有了和谐共处的情调。

　　"渔"代表湖南的鱼，故"渔"。室内的 VI 和装饰元素都是根据鱼延展出来的，墙上的餐盘、水杯，名片和门把手都是细节所在。就连透明罐子里的泡椒、酸笋、酸豆角也被着意设置。

　　二层天窗可谓经历了各种投诉和磨难才得以呈现出来，欣慰的是天窗外的大树在冬日里给予了空间一种禅意与希望。

　　设计师并不是怀着雄心壮志要去颠覆一个行业，而只是希望把家乡的美食带到京城来在有爱的环境中与大家分享。味道与记忆纠缠，是翠绿的莼菜或者夜里煤炉子上的白水滚豆腐，是冥冥中游入京城胡同的一尾洞庭的鱼，带来故土的呼唤与慰藉。

　　惟爱与美食不可辜负。[END]

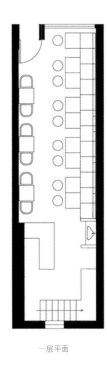
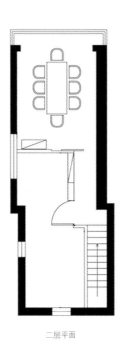

一层平面   二层平面

1 平面图
2 店内一角
3 壁饰
4 菜单、摆饰
5 从店内看立面窄长窗

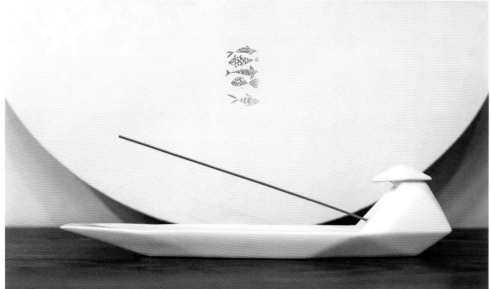

小即是美
承载生活印记的小住宅

撰　　文	赵鑫
摄　　影	刘育麟
资料提供	山西一诺诺一设计顾问有限公司

地　　点	深圳
建筑面积	50m²
主持设计	赵鑫
参与设计	索莉、田鑫、王莉
设计单位	山西一诺诺一设计顾问有限公司
类　　型	住宅
设计时间	2014年

在高速发展的当下，住宅商品的种类越来越多，复式小跃层越来越受到都市白领以及正在奋斗的年轻一族的喜爱。

同类型产品大多高度为5.4m，而海唐广场的本案高度只有可怜的4.5m。我们接到的设计任务是在长12m，宽4.2m，高度4.5m（面积不到50m²）这样一个长方体里面策划出能够容纳三口之家甚至是三代同堂4~5口人居住的格局。这无疑是一项充满挑战性的工作。

经过我们仔细慎重的推敲与研究，本案最需要解决的的问题就是：

1.如何处理好不同空间的高度；

2.如何充分地合理利用空间；

3.如何做出更多的收纳空间。

针对以上的问题，我们精心打造出两种房型：

A.三房两厅两卫，适合三代同堂，4~5口人居住。

B.两房两厅两卫，适合三口之家或者年轻夫妇居住。

A户型：三室两厅两卫。气氛温馨、舒适，巧妙地设置了更多的收纳空间。适合三口之家甚至三代同堂的居者居住。一层朝阳面设立一间卧室，作为客房或者老人房。入口处楼梯旁边隐藏着一个更衣间。开敞的客厅与餐厅通过一个超长的沙发有机地连为一体又可分开独立。楼梯的特殊做法更是既美观又充分突出了收纳功能。二层楼梯上方适当地设立了儿童房的睡眠区，而其活动区域又处于正常的空间高度。经由一条连廊联结过渡到主卧室空间。主卧卫生间、淋浴间、衣帽间巧妙地融为一体又各自独立。整体设计运用了温暖色调木饰面贯穿始终。营造一种温馨舒适的居家氛围。

B户型：入口处的挑空处理，以及铁件楼梯都体现了一种现代感十足的工业范儿，更开敞，更高阔。一层作为活动共享空间，客厅、餐厅、厨房，以及卫生间有序组合。二层则是私密的主卧室和多功能的次卧室的组合，整体设计更加简洁、干练、通透。几何色块的点缀，体现出更具活力的生活态度。

无论哪种户型，我们都秉承这一个观点来创作：在非常有限的高度和宽度下，通过设计师独具匠心的运作以及超凡的想象力发挥出最大的可能性。或许是因为社会发展太快、太高、太大。如今我们才会转而追求生活中原本理所当然或微不足道的小细节。然而，透过这些生活中琐碎的小细节而有所领悟，正是生活的真正基础，也是自古以来审美观念的根源。

I-3　A户型各房间
4　　B户型总瞰

1		4
2	3	5

1-5　B 户型各房间

解读上海教育报刊总社大厦
THE BUILDING OF SHANGHAI EDUCATIONAL PRESS GROUP

撰　　文	孔锐
摄　　影	胡义杰

地　　点	深圳
建筑面积	12 513m²
设计团队	俞挺，华东建筑设计研究院有限公司现代都市设计院
业　　主	上海教育报刊总社
主要材料	米黄色石材幕墙、白色涂料窗墙、深灰色铝板百叶幕墙、 菱形图案的浅灰色穿孔铝板幕墙
设计时间	2006年
竣工时间	2015年

1　表皮

2　鸟瞰

当我穿过正在经历后世博大开发的后滩片区，贴着水面掠自西向东流向吴淞口的黄浦江，便会抵达一个楔形的水口，这里曾是一条小河浜与黄浦江交汇的地方。这条南北走向的小河浜名叫日晖港，原本连通着黄浦江和肇家浜，直到 20 世纪 90 年代初才被填浜埋管改造成了日晖东路。处在日晖东路和黄浦江夹角里的南浦火车站，建于光绪三十三年（1907 年），在不间断地运行了一个多世纪之后，由于站址位于上海世博会的规划展区内，于 2009 年关站并被拆除，站址现仍是大片的空地。与日晖东路垂直的中山南二路，原为筑于同治九年（1870 年）的龙华路，1960 年改为现名[1]，并于 1994 年在其上建成了宽 18m 双向四车道的内环高架路。位于中山南二路 225 号的南洋中学，在宣统元年（1909 年）由老城厢大东门迁至此，其前身为育才书塾，曾是由国人创办的第一所新式学堂。而随着南洋中学新校区的落成，这片曾培养出巴金和郎静山们并迎接过胡适和马相伯们的土地，渐渐淡去了书声，逾百年之后又重归了平静。

被这些缓慢或剧烈变化着的邻居簇拥着的，便是由建筑师俞挺设计的上海教育报刊总社大厦的基地。这似乎是每位在中国城市中工作的建筑师都会面对的状况：一片在文献中情节丰富但现场却像荒漠一样的场地。

并置与游离

现场的体验同样印证了上述的被动局面，在高架路散发出的巨大身影和声响中，沿着狭窄的人行道前行，报业大厦几乎是突然就闯进了视野中，浅黄色的石材基座（裙房）和地面长在一起，基座檐口高度与不远处的高架路相当，加上类似的厚重质感，仿佛整个基座都成了像高架路一样的基础设施，巨大的体量和坚实的形体，共同构建着现代城市的独特景观。

基座似乎是整个建筑与它所在的场地在形态上建立的唯一联系，这仅存的联系显然被建筑师谨慎处理过：上部的塔楼并没有完全坐落在基座上，而是有一半的体量直接落到了地上，这种微妙的关系是通过将基座向东滑动而产生的。游离的姿态，在塔楼处理上再次被强调。来自于用地条件的限制和使用功能的需求，使得板楼的出现在这里成为了必然。但由于紧贴内环高架路，这个建筑的主要视点其实已经跟道路一起被从地面抬起。建筑师显然已经意识到在这样的情形下，突兀在高架路之上的板楼，会给城市景观带来消极的影响，因此建筑师将板楼分解成为一虚一实两个相对独立的体量，并且上下错动，如前文所述，高起的体量坐落在了石材立面的基座上，而低矮的体量从基座旁边滑过，最终与大地接壤。虚实高低之间，游离感再次得到呈现。不仅是形态上，立面细部的处理也在加强这一主题。通常在建筑设计中，檐口和屋顶都是设计的重点，因为他们"会把建筑在天穹下的身形刻画得十分精确。"[2]，但报业大厦的檐口并没有明显的收头处理，当然更不会有"屋顶"，这使得建筑的立面从古典构图中释放出来。跟着立面一起挣脱桎梏冲向天际的，还有从经典建筑学中游离出来的努力。

控制与失控

在表达建筑的虚实关系时，形态上处理似乎水到渠成，但在材料的选择上，却让建筑师颇费周折。在建筑师最初的立面设计图纸上，虚的部分采用的是黑色陶棍百叶，实的部分则是印有文字图案的玻璃。因为面对的是文教出版行业的业主，自然会联想到"春诵夏弦"或是"白纸黑字"这样成对出现的带有明显反差的事物，这恰好也暗合了前文提及的关于塔楼二分处理的需求。建筑师希

1 | 2

1　大厦外景

2　细部

1 陈征琳 等，上海地名志[M]，上海：上海社会科学院出版社，1998: 397.

2 刘东洋，观游大舍嘉定螺旋艺廊的建筑之梦[J]，时代建筑，2012/1:121.

3 苏杭、戴春，形与势－上海兴华教育培训中心改扩建[J]，时代建筑，2013/4:130-135.

4 庄慎，从"东园雅集"说起[J]，时代建筑，2014/1:91.

望达成这样的想法，既给建筑的形式逻辑一个支撑，同时也赋予其象征意义，以满足业主习以为常的联想。但在这个项目进行设计的2006年，干挂陶棍和丝网印刷玻璃还是十分高级（高技）的建筑立面材料，无论是材料本身的加工，还是现场的安装施工，都有很高的技术要求，相应的建安成本也很可观，因此最终在项目预算的压力下，塔楼的立面材料做了替换，黑色陶棍百叶换成了深灰色的铝百叶，印刷玻璃变成了浅灰色的穿孔铝板。这样变化的结果并不消极，同样的一种金属材料，经过不同的加工和安装方式，既实现了建筑师预设的对比关系，同时两者又暗含了某种轻透的共性，这种被动出现的结局层次更加丰富，似乎比预设的场景更有感染力。

在实践过程中现有的技术条件和预算水平通常都会毫不费力地解除建筑师出于职业本能的控制，但建筑实践的魅力往往产生于面对看似失控的复杂局面时做出的从容应对。而这种从容是根植于建筑师长期思辨累积成的熟稔。在报业大厦项目设计的过程中，当不得不面对技术和预算这样的现实问题时，建筑师及时调整了策略，并做出了回

应，穿孔板和铝百叶就像早就被准备好似的出现了。

如果细究其原因，只需回顾一下建筑师俞挺近年来完成的一系列作品便可知晓。从九间堂到无极书院，再到兴华教育培训中心改造[3]，建筑的形与势一直是建筑师思考的一条很重要的主线，而在其晚近的一些作品中，形式消隐和势态显现的特征愈加突出。建筑师本人曾指出，"江南人不是追求光，而是追求影。为什么呢？江南地区由于水汽充沛的缘故，光照并不强烈，其光线是漫射柔和甚至带点阴的。"[4] 穿孔铝板的孔洞和铝百叶的间隙恰好提供了这种带有显著地域特征的"影"，这使得建筑在获得某种新奇的形式感之后，刚刚建立起来的体积感又在瞬间向内崩塌了，"漂浮"是紧随"新奇"而来的更持久的感受。报业大厦的立面材料，这样一个看似"失控"之后的选择，正因为建筑师一以贯之的思考而成为了一种更长效的"控制"。

人视和鸟瞰

北侧的窗外，高架路横亘在眼前，似乎整个城市都被切成了两段，一段厚重的，跟缓慢移动的行人和浓重的阴影一起同属于大

地；一段明亮的，跟飞速急驶的汽车和眩光的屋顶一起同属于天空。南侧的窗外，远处依稀可辨南浦火车站的废弃铁轨凝练成一束黑线，勾勒出了黄浦江的边界和方向。

每一个建筑都在不断地跟这个城市这片土地和解或者分离，而报业大厦跟基地的关系，却是不确定的。它试图关照地面上的行人，但内环高架下难堪的步行空间与体验，使得建筑带给人的愉悦成为了杯水车薪。它也试图关照高架路上驾车或者乘车的人，但奔波的焦虑让他们无暇去体察建筑师在立面穿孔板孔径设置和铝百叶截面尺寸选择上的良苦用心。它试图用方正的形体去限定由于不规则的用地边界而产生的零碎的外部空间，但项目实施过程中用地红线和规划指标的调整让这一切都成为了泡影。这些让报业大厦跟基地的关系，变得不确定，但也正因为此，那层关系也成为了最真实的存在。

当我起身离去，回首鸟瞰落日余晖下报业大厦，身披着跟周遭的红黄粉白各色立面都不尽相同，却又和这个城市的整体色调相呼应的灰色外衣，像个异乡者一样倚着内环高架伫立在那里，守着那片不那么古老却有着丰富故事的土地。 ■END

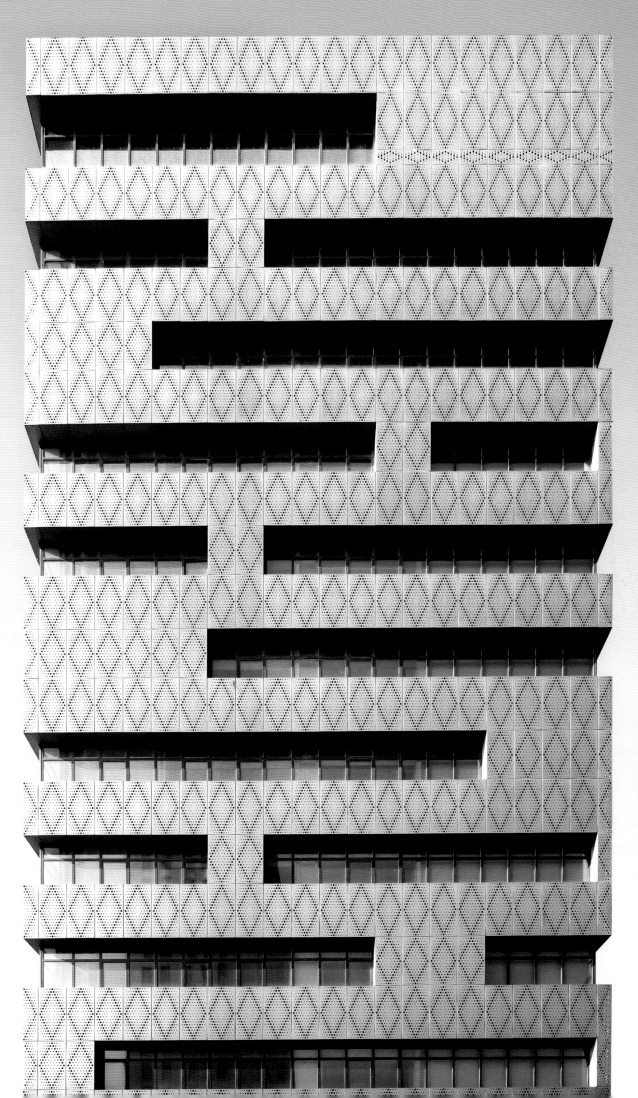

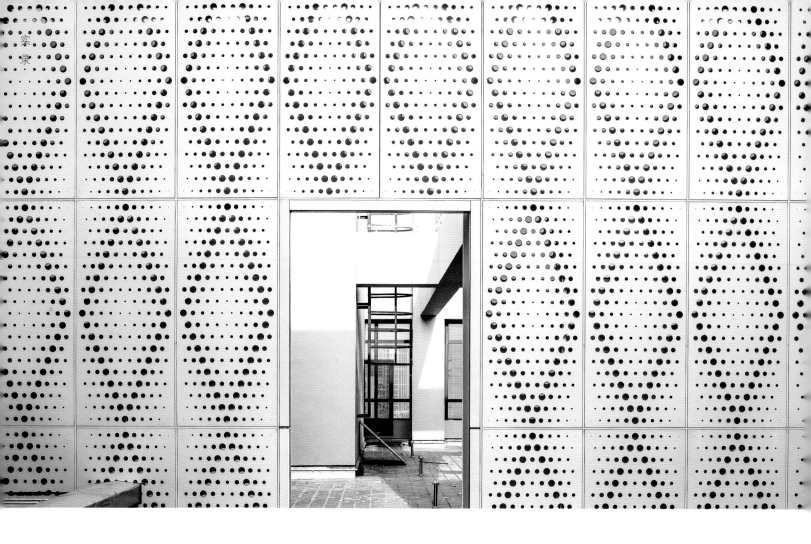

1	3 4
2	5

1 细部

2-5 内部空间

雅杰服饰展厅
YAJIE OFFICE & SHOWROOM

撰　文	姚远
摄　影	万浮尘

建筑面积	549m²
设计团队	FCD·浮尘设计工作室
类型用途	商业空间
项目造价	100万
业　主	苏州雅杰服饰有限公司
装修材料	浓厚日式风格特色的竹、藤、石、原木布艺等
设计时间	2013年7月
竣工时间	2014年7月

　　位于苏州中润的苏州雅杰服饰公司将全新的办公空间作为向客户展示设计理念的展厅，在与客户的前期沟通中，把新空间的主设计风格定位偏日系的基调，使用的装饰材料则大部分是不影响环境的自然材料，比如原木、竹、藤与石材，经过不加刻意修饰的处理方式，呈现出材料本身原有的色泽。

　　在主材料与设计基调的影响下，整个空间形成淡雅节制、深邃禅意的朴素风格。为了在这个自然与日系的基调下，让身处其中的工作人员便于处理每天的事务性或是设计性工作。用自然材料进行空间的分割，同时，配合让不同空间形成"流动"动线的照明设计，将一个办公区域分割成不同的使用空间。在喧杂中，设计出可以让人安静思考的禅意空间。恰到好处的灯光照明，烘托出展示的服装，令视觉产生较强的几何立体感。

　　本案讲究空间的流动与分隔，流动性来自背景照明的设计，分隔则是分几个功能空间。在不同的空间中总能让人静静地思考，禅意无穷。

　　特别在玄关的设计中，设计师采用淡雅自然的色彩，而且使用较多的浅色系，像是日式印花的墙纸、清爽干净的墙面和素净的家具搭配等，和谐自然中带着浓浓的自然风情。 END

```
          2
 I       3  4
```

I   日系风格主打的设计

2-4 注重空间的分隔

1	4
2 3	

1-4 禅意空间

凌宗湧：
见山还是山，见水还是水

撰　文 | grey
资料提供 | 凌宗湧

　　传递与美相关的职业总令人羡慕，花艺师恰是其中之一。花艺师凌宗湧，传递生活的惊喜，更注重还原和发现生活中的美好细节。就地取材是他的习惯。他为杭州富春山居设计定制花艺已有十余年，每年来此，他都会潜入山中，检视身边可用的素材，用自然环境中原生状态的花草植物，呈现最美的姿态。他近来最满意的作品是在富春山居用大量竹子悬挂于厅堂的装饰花艺作品，创造出自然环境中数量之美。而采访那日，我们也看到了他教学员用地上拾来的杏叶、松枝、辣椒和大蒜编制的花环，突破了挑选花卉的界限，创作的机会也就更多，自然成为了摄取灵感的源泉，也成为了无形之中的导师。

　　匠人之路往往需要恰到好处的一刻点醒。凌宗湧的花艺之路起始于退伍后的第一份工作，花店的"送花小弟"。感怀于鲜有一种行业能够像花业一样，陪伴人经历终其一生的悲欢离合，当时坊间花店又大多充斥过度包装，掩盖花单纯的美。于是他有了自己开间理想花店的念头，用最低限度的包材，让看得自然舒适的花叶自身为主角，CN Flower 店铺应运而生。

　　"花材没有好坏美丑之分，只有观赏者角度的差别，所有的花草植物天然的面貌是我所钟爱的样子。"遵着这样的原则，开设花店更像是一种媒介，让花顺势进入大众生活，让都市人留有片刻与花贴近的时间。花店亦是花艺美学的展示场。除高级定制花外，平易近人的植栽小品，也可以拉近人与自然的距离。他自己也会走访一些城市，去当地的传统市场，看到大自然的产物是他的兴趣所在。每次来到巴黎，他会住在第六区的圣日耳曼德佩（Saint-Germain-des-Prés），旅店边有一件低调、内敛、性感的 Odrantes 花店，在他看来，那是法国花店灵魂的缩影。

　　凌宗湧的作品里总能得见东方的禅意，他自己说这是源自他中华文化的基因，创作时，他所秉持的、手中所做的，是为让花艺体现出现代东方的样貌。不忘本但不去仿古，这也是自己生活的模式，爱旧物，却活在当下："如何让动人的东方文化底蕴，在现今的时代吐露芬芳，是令我相当着迷的事。"花与人、空间、环境之间相互对话、产生关系，它所扮演的角色是点睛，不会抢着当主角，花艺的美学是内敛的，凌宗湧希望人们通过他的作品感受到和谐的美感，吸引和唤醒人们注意观看、聆听周遭的生活空间。**END**

凌宗湧：以富春山居花艺作品闻名，现任 CN Flower 总监、杭州富春山居花艺顾问。

I-3 为富春山居设计的花艺作品

4 为安缦法云王公懿个展制作的花艺

1　4
2 3

1-4　为富春山居设计的花艺作品

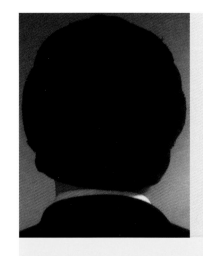

闵向

建筑师，建筑评论者。

别了，伊东丰雄

撰　文 ┃ 闵向

2014 年 9 月 3 日下午上海 PSA 的报告厅，伊东丰雄终于在他的演讲尾声讲到台中大都会剧院。会场中弥漫着一种奇怪的欲言又止的氛围，因为这个设计太丑了！

伊东的出名是作为银色派的主要配角出现在建筑舞台上的，那时的主角是长谷川逸子。伊东的声望来自于表参道的 TOD'S 专卖店，他根据树影在立面上创造了一种枝杈状的肌理，流行一时。

但伊东最著名的建筑是仙台媒体技术中心和多摩美术大学图书馆。这两个建筑都体现了不可思议的轻。前者承受了 2011 年大地震的考验。后者如同纸质模型一般的建成效果，成为国内小清新竞相效仿的典范。多摩美术大学图书馆立面和内部空间是连续的混凝土拱，但轻薄得完全不具有拱和混凝土应有的受力和施工特征。我通过伊东的介绍惊讶地得知，这其实就是个钢结构，10cm 的钢结构两侧再浇筑各 5cm 的混凝土，拱和混凝土是一种掩盖钢结构的视觉游戏。我想那些中国的模仿者没机会了，一来中国的结构工程师和施工单位非常不喜欢把钢结构和混凝土混合在一起设计和施工；二来中国规范所规定的混凝土和钢结构各自的最小计算和施工截面最小值都大于伊东这个混合截面；三，具有装饰效果的清水混凝土对中国施工公司来说是个技术挑战，至于 5cm

的厚度，那更是闻所未闻。中国的模仿者如果基于上述的施工和规范现状，那么他们的轻比之伊东，简直就是笨重。

但伊东的多摩美术大学图书馆在技术上的创新比不上仙台媒体技术中心。仙台媒体技术中心用钢索（维基百科成为管柱，即细铁柱群代替柱子，现场翻译为钢索，据边上懂日文的人翻译，是因为这些柱子还有拉的受力在内，不能用柱子来定义，故如此写）消解了传统视觉意义上的柱子，让整个房子不真实地漂浮在大地上，做到前所未有的轻和通透。我问万科的总规划师傅士强，这么杰出的结构为何没有被广泛推广，傅桑说"太贵了"。这个技术创新因为太贵而无法变成普遍有效知识而无法成为刚性创新，我觉得伊东失去了他成为真正大师的机会。相比下，多摩美术大学图书馆虽然更受好评，但就创新而言，不过是个巴洛克式的游戏而已。傅桑说"你应该去看看多摩美术大学图书馆，美得让人无法用言词形容。"但我对傅桑说，伊东看来在审美的训练上不太讲究。话音未落，伊东之后的项目就让傅桑和听众无法用言词来表达他们的错愕。因为那些项目越来越难看，仿佛不是伊东在设计。我仔细回忆了银色派的伊东，TOD'S 的伊东和现在看到的伊东，猛想起了伊东的名言"我的设计都是年轻人做的。"年轻人在大师的事务所约

1 ┃ 东京 TOD'S 旗舰店

2 ┃ 岐阜媒体中心"大家的森林"

乎是4种角色,单纯的工具,为大师不灭的灵感之火添柴加油,主导或者诱导了大师的设计,独立的工作被贴上了大师的标签。伊东的年轻人大约扮演了第3种角色。伊东大约在审美上被年轻人所裹胁了。看来是不同时期的年轻人帮助创造了不同时代的伊东。

伊东似乎意识到什么,他放了一张他和库哈斯的合影,并说库哈斯对大剧院的赞叹让他放了心。且不论见人说人话,见鬼说鬼话的库哈斯的客套是否可信,一个被公认的大师要通过另外一个大师来备注,只能说明,他自己对建成效果的也信心不足。

后来一个北京的建筑历史研究者告诉我,伊东获得普利兹克奖的原因并不完全是他的建筑成就,更多的是褒奖他在日本灾后组织的共有之家(home for all)的建筑师主导的重建计划。这个计划首先在威尼斯建筑双年展大获成功,向西方的中产阶级证明了建筑师具有对社会问题的深刻关注和积极改变的态度和行动,但这是一个典型的中产阶级世界里自以为是的计划,既无法帮助灾民迅速建造临时用房,又不能成为灾后重建主要的建筑形式并帮助灾民降低成本和加快建造速度。到了2013年的灾后2年,也不过建成了一个1:1的模型。或许伊东的本意正如他在演讲中回答提问时所说的,他作为建筑师面对遭受巨大灾难的同胞是感觉到羞愧的,但一个没有切实帮助到灾民,却成就他在国际舞台上的成功,难免让人觉得伪善。提问人赞扬他具有大庇天下寒士俱欢颜的境界,和灾后重建现状相比,更像是嘲讽。

不过伊东的实践依然可以是一面中国建筑实践的小镜子。73岁的他依然试图对自己不断做出挑战,由此相对的是,国内大多数建筑师到了35岁就在专业上暮气沉沉了。伊东的演讲其实更需要结构工程师和国内制定抗震和结构规范的专家来听,看看在日本这个地质灾害频繁的国家,日本结构工程师如何展现了各种想象力,帮助建筑师创造出难以置信的轻来。伊东的演讲也需要国内的施工公司和材料工程师来看,为什么同样是混凝土和钢材,日本的同行可以做得如此小巧轻薄而且精致准确。

伊东的演讲展示了日本出色的工匠精神,这种工匠精神贯穿在建筑师、工程师

和工人身上。所以伊东有些三维曲面的建筑造型,那些"工匠"的日本工程师和工人用相当笨拙的方式耗时耗力但最终精彩地完成,结果到了台湾,失去这些人,伊东的成品就显得粗糙。日本工匠挑战不可能的精神,却也未必全好。因为有了工匠们的帮助,建筑师会失去另外一种机会。伊东的几个异形的建筑,尤其那个丑的台中大都会剧院,都是在2006年前后开始的,那个时候,马岩松的早期合伙人,最早掌握参数化技术的早野洋介在日本没有什么机会,却最后在中国得以大展宏图。日本人对工匠的依赖和对计算机辅助设计的轻视让他们失去了在计算机辅助设计上领先的机会。伊东的剧院从设计直到建成,都是以目前看来低技的方式完成的。

那日我在日本设计(一家规模仅次于日建的设计公司)工作的同学告诉我,他们公司正在突击全面培训BIM。据我所知,在上海,至少在滨江的重要公共建筑的设计和施工,政府就要求设计、施工和管理单位必须使用BIM管理。设计始于2006年的中国第一高楼上海中心就是BIM在实际项目中运用的范例。就这点而言,中国就走到了日本前面。

伊东和那些国际著名的建筑师们好像很幸运,身逢这个经济繁荣的盛世,他们是全球化的受益者,新市场的容量远远大于他们的国内市场,更重要的是非常宽容。伊东为台中贡献了一个"口腔"(大都会剧院的灵感来源),贡献过"大裤衩"的库哈斯则为台北贡献了一个巨大的球,他们被质疑的声音微弱不可闻。

在新市场,大师是不容置疑的。新市场容纳了所有当红和过气的大师们,没有全球化和经济繁荣,他们当中大多数人可能面临的是要么在大学永远做个纸面建筑师,要么破产的境地。比如在2008年的金融风暴,扎哈只剩下3个项目在运行,都在中国。不过即便如此大师们很少感激新市场,因为他们如神一般驾临,是被邀请来教育和指导新市场的。由此,他们需要刻意掩饰自己。当伊东被问到为何在中国没项目时,他轻巧地回答,他设计不来巨大的建筑,获得一阵笑声。但事实是他1992年就试图进入中国大陆,他参加了轰动一时的陆家嘴中心1.7km²

的城市设计竞赛的国际招标,2003年CCTV的国际招标也没落下他,不过这两次,他的作品都不突出而已,但在基地的处理策略上,甚至模型的表达都很相似。大师们对新市场有时是那么漫不经心,你看那个安藤忠雄,自2000年后就几乎没有有力量的作品出现,但依然在大陆和台湾获得一个个大项目,并一个个把它们造得面目可憎。他们在新市场的成功让旧市场的媒体都失去了刺耳的反对声。

所以伊东们其实也很悲哀。他们忙于演讲、展览、上课、接受采访、聚会、飞来飞去,利用仅有的时间设计,他们还要思考,但当周围都是谄媚的声音的时候,他们的思考无法被锤炼,无法被磨砺,最后他们失去思考,但还要装出思考的样子。伊东讲21世纪的建筑要遵循自然的法则,自然的法则有重要的一条是自组织原则,那还要伊东这样管头管脚的建筑师做什么呢?伊东的演讲题目是超越现代主义,但伊东对现代主义建筑的理解是肤浅和形式主义的,由此他推导出的21世纪的建筑原则也是荒谬的。他的思考基本没有建设性,他依然身在现代主义中,连超越的边缘都还没看到,就不必谈超越了。他试图创新,但至多算一些微创新,无法创造改变建筑现状的刚性创新。

走出演讲厅,听到有人议论道,他关于开头的现代主义建筑的论述和最后关于21世纪建筑的预言完全可以省略,他就老老实实地讲他的实践就可以了。我突然感到一点悲哀,相见不如闻名,距离产生美,真是不如不见。

Tips:伊东丰雄(1941年—)是一位重要的日本当代建筑师,曾获得日本建筑学院奖和威尼斯建筑双年展金狮奖。2013年3月18日,获得普利兹克建筑奖,是第六位荣获该奖的日本建筑师。其最具有代表性的作品如台中大都会剧院,多摩大学图书馆,仙台传媒中心等。

伊东曾说过:"20世纪的建筑是作为独立的机能体存在的,就像一部机器,它几乎与自然脱离,独立发挥着功能,而不考虑与周围环境的协调;但到了21世纪,人、建筑都需要与自然环境建立一种连续性,不仅是节能的,还是生态的、能与社会相协调的。"

范文兵

建筑学教师，建筑师，城市设计师

我对专业思考秉持如下观点：我自己在（专业）世界中感受到的"真实问题"，比（专业）学理潮流中的"新潮问题"更重要。也就是说，学理层面的自圆其说，假如在现实中无法触碰某个"真实问题"的话，那个潮流，在我的评价系统中就不太重要。当然，我可能会拿它做纯粹的智力体操，但的确很难有内在冲动去思考它。所以，专业思考和我的人生是密不可分的，专业存在的目的，是帮助我的人生体验到更多，思考专业，常常就是在思考人生。

美国场景记录：芝加哥对话

撰　文 | 范文兵

去芝加哥玩。承蒙在 IIT 读书的 TJ 校友 DP 夫妇，以及 JT 学生 SC、DN 理工男 SX 的招待，玩得非常愉快。这几日晚上游览完回到住处，都会和大家一起聊聊天，也算是和年轻同学有了一个直接交流。于是，倚老卖老地，就说了些人生感慨，这里记录下，省得忘记（要知道，这种中老年人的人生指南，我在年轻时基本是不屑一顾的）。

1. 所谓人才的高密度

说起业内一些中老年"成功人士"，往往是"同学、校友"。年轻同学就很感慨地说，那时真是星光灿烂、人才辈出呀！

我说：没那么神，其实都是蛮平常、水到渠成的事儿。打个小的比方，或许就可以厘清这个问题。

假设大学在扩招之前（1990 年代以前入学），大学为某行业每年培养 20 名学生。工作后，社会组织结构最终会成就（本质上其实就是需要）10 名位于金字塔上的成功人士，那么，这 10 名必然集中在这 20 名当中，于是会有 10 名"失败者"，成功率 50%。

大幅度扩招 + 各种"教改"（高校产业化、不同梯次人才在表面平等之后导致"差异性"的消失……）之后，大学每年会为某行业培养 200 名拿同样文凭的学生。工作后，即使社会比之以往有极大发展，社会组织结构可成就（需要）的该行业金字塔尖的成功人士，最终可能也就增加到 15~20 名，于是，会有 180 人"失败"，成功率 10%。

国人历来看重"表面牌号"、坚持"单一（成功）价值观"，因此，"失败"的 180 个人中，大多数不会去理性分析自己在能力、情商、天赋、努力、机遇等各方面的擅长与短板，并在此基础上产生一种扬长避短的"理性分流、差异定位"意识，反而会由于自己拥有该行业"国家承认的同样文凭"产生出一种"平等错觉"，会觉得自己的"失败"是"不公平"所致，再加上我们这个人情国度、钱权国度里发生的种种"故事"（这些"故事"以我之见，基本是在中间层次，也就是大家差不多的情况下会起作用），自然地，"有关系"、"某二代"成为描绘那些"成功人士"最可理解（也是最可自我安慰）的方式。一种普遍的"心理不平衡"出现，一种奇怪的"怀旧"舆论应运而生。

以我的观察，我还是能够比较负责任地说，靠"专业成功"的人，绝大多数是有真本事、真努力、真付出、真天赋的。

2. 要足够主动（active）

大部分人能读到现在的程度，基本都是好（乖）孩子。好（乖）孩子往往比较听话，有做作业照规则做到"对"即收手的心态与习惯，本人也不例外。但我后来慢慢发现，要想做成一些事情，不能仅仅是"做对"就完了，还要主动"多做几步"。

拿我个人碰到的不同学校的学生来做个比较，北京QH的同学，明显比上海TJ同学要主动（active）。

这种主动，一开始常会被人以为是瞎忽悠，无头苍蝇乱碰，但是，往往会在10个人中有2~3个忽悠成功，从而做成一件事，成为Boss。而等待别人把所有步骤、目标告诉你，你只是一步步按部就班地做，那肯定只能是一个职员状态，而且是老板（Boss）想找人取代就能取代的"普通职员"状态。

当然，做个好职员与做个好Boss，在价值观上我不认为有高低之分（我以为这只是一种个人选择，但每个人一定要清楚，做好职员比好Boss风险低很多，因此回报也应该低，这符合付出与收获的平衡原则）。但是，即使你只想做一个"好职员"，也是需要active的。你需要自己主动地、不计较眼前一时一地的得失（比如"给多少钱做多少事"的心态）把Boss告诉你要做的事情，反思一下、多做一些、多想几步、多完善一下、多做几次。慢慢地，Boss就会觉得离不开你，自然地，你的位置就会慢慢提升，而你的能力，也会在这个不斤斤计较、不"短视只求快速回报"的前提下，一步步得到提升。

3. 要先成为对别人有用的果子

学生在本质上是一种"被培养"状态，因此，初入社会，往往会下意识等待别人来培养自己。假如单位说，"只要熟手，不要生手"，很多人就会觉得不公平。其实，这才是社会合理的真相！

如果一个领导几年任期内就要尽快出成果、政绩，一个公司要尽快赚钱，你说他们会有时间从"长远角度培养"你么？假如你自己都会不断地因为种种原因不停跳槽，别人又凭什么以"长远"为时间段来投资你呢？

从这个角度讲，若想获得别人的重视、重用，你就要先成为一颗别人想摘的果子！而这个从青涩变成熟的过程，是需要自己耗费时间、采用多种方法和投入耐心去投资的。简单说就是先要"取长补短"，通过学习完善自己，然后再"扬长避短"，充分发挥自己所擅长与不可替代性。

我的建议是：一是要把自己作为一个长期项目，有目标、有步骤、有策略地进行培养（这其实也是一个逐渐认识自己、了解自己的过程，因此，所谓目标、策略等也是要随时调整的）；二是要学习如何学习，要多长眼睛，不要别人教才会学，要从各种方面主动观察、主动学习，打下手、做杂务，或许看上去不风光，其实有头脑都能学到东西；三是不要太急于获取回报，既然是为了未来增值进行长期投资，没听说长期投资明天就要回报的。

我还有一个观察。很多学生相信所谓的关系网培养，其实说到底，这也是需要实力做基础的。对别人有价值，才代表你真正有实力。

比如你没办法在同一高度激发别人的专业思考，你没法在同一高度与人一起合作做"双赢"的事情，你没办法在一个专业高度上提供给别人机会……你那个摆满了名人合影、签字、聊天的"关系网"有什么用呢？这不是"势利不势利"的问题，这其实是一个本质上的自然选择、人以群分的客观规律。

4. 换位思考——以"剥削"之说为例

现在的研究生一说到跟导师做事情，就会普遍有被"剥削"之感。我们读书时流传一个故事，说某导师让学生做事一直不给钱，直到学生明言挑明，导师才恍然大悟，回答说，我是在教你们呀！当然，这个回答被我们当时所有同学，一致认为是谎言、装腔作势、吝啬的掩盖。

等我自己做了导师角色换位之后，忽然意识到，那位老先生的话还是有合理之处的！

以我个人经验，若想高效率地将我们专业的项目保质、保量完成，找几个熟手来做下手，要轻松愉快得多，完全不需要带自己的研究生进入每次是从最基础的纠错开始的工作过程。因为，研究生本质上就是生手，而我自己会对从手中出去的作品有要求，这就让我非常费神。我很多朋友也有同感，说："带着研究生做设计，真累呀！"

看上去研究生一直在做事情，但真正能用上、能转换成生产力的成分很少，也就是说，这个领着学生做项目的过程，的确包含了相当大程度的"教育、引导、试错"成分（当然，不排除某些导师直接拿学生的东西去糊弄甲方，这种低水平的事情不在讨论之列）。

我可以拍着胸脯说我肯定没亏待过学生，但这个不是我要讨论的事情，而是通过这个事情我发现了"换位思考"的重要性，也就是咱们老话说的"己所不欲勿施于人"。通过换位，能帮助我对很多（人云亦云）事情的本质看得更清楚（特别是师生关系、老板与职员关系、领导与群众关系……）。比如上述普遍流行的"剥削"之说，还包括"论文"如何"被指导"的问题（你希望导师如何指导你的论文？或者说，你了解你导师的个性、研究领域与习惯的指导方法吗，你如何做出积极、有效的互动从而获得你想要的东西呢？）……通过换位思考，能帮助你找到更接近客观的真相，做出更合理的决策。

后记

1. 我对世俗意义的"成功"价值观是持明确否定态度的（我赞同并实行罗素的观点："须知参差多态，乃是幸福本源"），这里，仅仅依附"成功"这个概念，对某些现象进行观察与分析，不对"成功"本身展开讨论。

2. 这是我亲身观察到一些"（专业上）成功"的规律，所以我会对自己说，如果我做不到或者不喜欢这些要求，那我对我自己的"不成功"，就会很坦然地接受。

3. 我个人骨子里倾向于"自由主义＋个人主义"，因此对"教诲别人"这种事儿，总有些发自内心的不自在。当我给年轻同学讲述人生感慨时，总会不自主联想起某知名作家退休后写的一系列所谓看透人生之书，我看的时候，既有学到东西的感觉，但其实更多的是同情之心。所以，在中国，做教师有时不得不要讲述"人生大道理"时，常常会有另一个我跳出身体之外，看着那个滔滔不绝的FWB，觉得好笑、荒谬。我在这方面，本质上是分裂的。 **END**

陈卫新

设计师，诗人。现居南京。地域文化关注者。
长期从事历史建筑的修缮与设计，主张以低成
本的自然更新方式活化城市历史街区。

住——他乡即故乡

撰　文 ｜ 陈卫新
摄　影 ｜ 老散

　　语出唐人诗句，"年深外境尤吾景，日久他乡即故乡。"现在的我们何尝不是如此，来到一个城市，随着时间的变化，认识城市的角度与深度都会变化，或者越来越靠近，或者越来越疏离，而故乡一直停留在那里。距离故乡的远近成了一种有象征性的感受。这种感受的多少、深浅并不依赖于物理空间上真实的远近，只是一团坚定的、向好的意象，成了人在旅途式的心理依靠。从古至今，从文学、绘画、戏曲中看去，似乎每一个中国人都是在移动中的。战争、移民、商贸、学仕、贬离、流放，影响人一生东西实在是太多了。人的一生可以跌宕起伏，经历丰富，但也可以非常简短。故乡有时候只是一张烙饼、一捧黄土而已。

　　但故乡终究不只是一捧黄土，它还是一种情怀，一种由具象的建筑空间升发出来的神圣感。一个再阴暗的小人，也有他的故乡与郡望。住所，是人生的基业。中国人讲究"安居乐业"，有了住所，便不再流离，可以往来酬酢，可以闭门索居。总之，以一个空间换来内心深处的踏实。选择住所毫无疑问是一种人生态度，古已有之，但有能力完全依靠自己的想法来生活太难了。古人在"流动"中，从来不放弃对于故乡情怀的表达，

　　唐代王维的终南山辋川别业可以说是私家园林之发端，是个人情趣与自然山水相互触发的结果。这种地主式的山居生活对王维的影响是显然的，王维擅长山水画，并创造了水墨渲淡之法。他曾说，"夫画道之中，水墨最为上，肇自然之性，成造化之功。或咫尺之图，写百千里之景。"这种"质"的发展，在于对自然山水体势和形质的长期观察、概括与提炼，这是居所带来的最直接的感受。苏轼对他的评价是"味摩诘之诗，诗中有画，观摩诘之画，画中有诗。"王维有佛心，诗境画境只是表达而已。在他的作品之中，经常可以小中见大，从已知景象感知无限空间的审美经验。这其中通汇了灵魂深处对于故乡的终极追求。"君自故乡来，应知故乡事。来日绮窗前，寒梅著花未。"他说的是窗前花，也是故乡情。在建筑或造园的意义上来说，他把自然景境中的虚实、多少、有无，按照人的视觉心理活动特点，形象地表现了出来。这也成了后来建筑造园，山水绘画，及至当代禅意空间设计等等，思想方法上的一个基础。

　　唐宋期间的绘画，多有建筑山水题材。画者在其中常常流露出对于人居与自然关系的认识，对于故乡虚拟性的表达成为一种常

宋郭熙《早春图》(AD1072)，卷·绢本·设色。收藏于台北故宫博物院

态。巫鸿谈美术的"历史物质性"时，提及傅熹年先生在1978年提出传为李思训所作的《江帆楼阁图》应该是一组四扇屏风最左一扇，而非全图。这也许就是一种"历史的物质性"。似乎中国人的故乡一定是在自然山水中的，空间由此有开有合，有迎有避。立足处，即怀思起兴之所。建筑的门窗，室内的落地画屏，使空间的分隔更加灵活多变，居住的功能分配与自然山水地形地貌结合度极高。唐宋的绘画史记载过大量的画屏，这些可称为"建筑绘画"的作品大都已消失了，许多研究者发现若干经典作品首先是作为画屏而创作的，有些美术馆展示的卷轴不过是重新装裱而已。比如五代董源的《寒林重汀图》，北宋郭熙的《早春图》等等。这样的画屏，是建筑空间中的"隔"，是目光远去之间的参照物，而其中绘制的建筑，以及建筑远处的山水，与现实中的建筑山水形成了一种递进。在这种递进中，故乡作为一种审美记忆的情感，也渐渐地成了文学艺术中的经典。

我以为，相较唐与五代，宋代文人对于日常生活审美化的追求，是由时代精神、政治模式、生活空间甚至经济状况的改变而促成的，是时代的必然。李泽厚认为，整个宋代，"时代精神不在马上而在闺房，不在世间而在心境。"我很赞成。许多时候，思想比身体更容易跌落深渊。诗意的审美态度从来就不是抽象的，宋代文人在日常生活中的审美需求，不期间成为了一种伟大的集体自觉。文人乡愁似的山水画一个重要特征就是在造型上的求"简"，那些画中的林木萧疏，简笔行之，点皴率然，远山逶迤似逐日而去，盘谷足音尚在，空气清冽湿润，惟尘世之挂牵无迹可寻。

"王定国歌儿曰柔奴，姓宇文氏，眉目娟丽，善应对，家世住京师。定国南迁归，余问柔：'广南风土，应是不好？'柔对曰：'此心安处，便是吾乡。'因为缀词云。"这是苏轼的记事。为此，苏轼在后来的《定风波》中写道，"常美人间琢玉郎，天教分付点酥娘。自作清歌传皓齿，风起，雪飞炎海变清凉。万里归来年愈少，微笑，时时犹带岭梅香。试问岭南应不好？却道：此心安处是吾乡。"一句"此心安处是吾乡"，是柔奴之答，恐怕也是苏轼心里的真实话。这样的故乡是不在世间，而在心境。

故乡是心里的一处隐秘地。故乡情结是传承至今的一种文化现象，是人与自然的关系，更是人与人的关系。古人心中的故乡，郡望，具有无法替代的神圣性，虽然它并不那么确定。故乡的"当代性"已不局限于某个特定时期，而是不同时代都可能存在对于故乡意义的主动建构。放至当下，也许还意味着人们对于"现今"的自觉反思和超越。在更新的出现以前，"复古"提供了建构这种故乡当代性的一个主要渠道。

前些时候，台湾诗人郑愁予来南京，他回忆曾在1948年前后在南京汉口路小学读书，时间很短，印象不深，记忆深刻的，反倒是江边的燕子矶。他说，站在山崖上，看到崖边野草、野菜，脚下长江奔流，震撼之极，感觉自然的伟大与生命的卑微，至今难忘。我想这就是故乡情结，便是生命的记忆，便是对于生命的敬畏。诗人在他的诗中写过，"我达达的马蹄……"，是的，哪怕是与大地最短暂的触及，故乡都是一个人最有价值的永恒。**END**

清迈，
失落的兰纳王朝

撰 文 | 诺英

　　去清迈黛兰塔维度假酒店之前，我曾经听过针对它的两种说法。有人说，"黛兰塔维的野心非常大，似乎要在酒店里放进整个泰北的缩影，兰纳王朝的尖塔高楼、英国殖民期的白色建筑，还有造型涵括泰北、云南、缅甸等少数民族建筑传统风格的房间，这些东西被做成一个一个称为'村落'，其中再穿插传统文化如纸伞、竹编、织布等'教学教室'，简直就是一个庞大的艺术品。"但另外也有人说，"或许酒店想重现300前兰纳王朝寺院和宫殿的辉煌，但不幸的是它没有做到，虽然它的服务非常好，餐厅食物可以媲美米其林，但所有的建筑都是复制的，树木都是移植的，甚至那些在稻田里工作的农民都是雇佣的，这些人为的手段使这里缺乏了真正的历史氛围以及魅力。总体而言，如果迪斯尼乐园想要创建一个泰国度假村，它很可能复制文华东方，这当然不坏，但本质上它依然是迪斯尼乐园。"

　　这两种说法截然不同，但当我亲身体验后，则更为赞同第一种说法。

　　当你坐在车中缓缓驶入清迈黛兰塔维度假酒店（Dhara Dhevi Chiang Mai）时，路两旁的火把就会把你引向金碧辉煌的大堂。大堂顶端的9座7层尖顶高耸入宝蓝色的天空，很容易就被这不真实的金光打亮，男女服务生们都在这雕梁画栋间穿梭着，琴师也在为你独奏着清幽的乐曲。我想，这样对于梦幻宫殿的着力描绘，也只有在拥有兰纳传说的土地上才能这么惟妙惟肖了。

　　黛兰塔维度假酒店建设在清迈古王朝兰纳（Lanna）的王宫原址上，所以，它的建筑形式以及景观营造都围绕着那段璀璨的历史文化。无论是高耸的大门和城墙，还是尖塔式的大堂、仿古的兰纳庙宇和造型瑰丽的凉亭，建筑师都采用了做旧的技术，令它们看起来仿佛饱经风霜，从而更能体现出13世纪兰纳王朝的独特色彩以及泰北传统的艺术气息。

　　700多年前，泰国统治者在清迈建立起兰纳王朝，并持续了近300年的盛世。这一段繁华给泰北文化留下了光辉的一页。兰纳王朝时期形成的建筑形式，被称为兰纳泰式村庄。Lanna的意思是"良田万顷"（a million rice fields），泰式村庄被人描绘为是宁静与和平的象征，是人类理想的居所。黛兰塔维度假酒店就是把稻田的风光融入到度假村的设计里面，在稻田和村庄的基础上再建王宫，将宁静与和平带给人们，并力图让人们亲身感受当时的盛世王朝。度假村年轻的建筑师Rachen Intawong在清迈出生和学习建筑，"我们希望通过黛兰塔维的建造来创造一个传说，对我而言，这是一个重现过去的地方。"当然，它也重现了昔日的版图。

客房

坐落于泰国北部丘陵地区的 Dhara Dhevi 散布在占地 60 亩的自然园林中，柚木别墅、殖民风格的套房和宫殿式住宅的设计都代表着该地区的建筑史，而我亦沉浸在稻田风光和兰纳王朝的丰富遗产中。

度假村客房别墅是客人真正感受度假村文化灵魂的所在。这些别墅基本上是两层建筑，有几种形式。第一种是一栋建筑只有一个屋顶连接一个观景亭的别墅。第二种是由几个高低不同的屋顶错落组成的一栋建筑连接观景亭，两层的亭子底下是泳池，上面是观景用的。第三种是有几个分离开的建筑通过连廊围合成为一组建筑群，最长的连廊连接的亭子作为户外按摩亭使用。

最豪华的是王族官邸，由六个独立的兰纳风格阁楼组成，有户外的泰式亭子(salas)，建筑围绕着莲花池而建，有 3 个豪华的泳池和私家按摩池。这个官邸充满异国情调的设计灵感来自佛教徒之间传说着的虚构的 Himmaphan 森林，建筑在高大的雨树下，芬香的赤素馨花香，墙上刻满了与原物一般大小的大象雕刻，室内也都是传统的植物和传说中的那个时期的动物木雕，精美的铺砖道

路通过花园进入到阁楼里面。

洁白的殖民地套房，没有泰式别墅那么有地方特色，反而更倾向新加坡来福士酒店集团的风格。但它的硬件非常棒，面积也大，甚至最基本的套型中都会有一个卧室和浴室，一个单独有电视的起居室，以及带淋浴的露天浴室和一个阳台。一个淋浴间就有日本旅店整个浴室那么大，按摩浴缸更是两个人塞进来都行，但这些都比不上宽敞的阳台，站在上面就可以看到恍若兰纳王朝的大厅尖塔。

Dheva SPA

Dheva Spa 是度假村的灵魂所在，也是全泰国首间世界级的水疗中心，整个中心设计以曼德勒旧皇宫为蓝本，更为浓烈地体现了兰纳王朝的宫殿风格。Dheva 的发音为 "day-ya"，意为居住在天堂的神灵，也是福的象征。The Dheva Spa 就如其名的含义，在一片古老的土地上，建造出美得令人窒息的空间，人们在这个空间里自由、畅快地享受生活。走进 The Dheva Spa，时间仿佛倒流回 19 世纪缅甸曼德勒宫殿时代，心情会自觉地放松下来，于是，体验者开始进入到发现自我的旅程中，触摸心灵中那

个内在自己。

Dheva Spa 使用雪白的门楼和基座，经过门楼后是雕刻非常精美的木建筑。建筑有五层没有窗户的屋顶，每层四坡。屋顶上是通过白色的基座，连接最高处的伞盖。屋顶最精美的地方是每层的屋檐口，每层屋檐围绕建筑一圈都是用木板做的雕刻，图案精美细致。从檐口往上伸出有半个坡屋面高，四个角上还各有一条垂直向上的木杆，突出的木杆延伸到两层屋顶的高度，使整栋木建筑产生了向上的强大动势。精美的木雕、矗立的尖细的木杆、层层的坡屋面，简直使人目不暇接。

除了迷人的外观外，这里的多种套餐疗法和 SPA 管理者 Rajeev Marwah 博士都是无可匹敌的王牌"软件"，他把几十年所学、所感都倾入到了 The Dheva Spa 的经营中来，研制自己的产品用于治疗、参与编写相关的专著，一切都和 Spa 的精神哲学密不可分。客人们来这里的目的，除了放松身体外，最主要的就是治疗身体宿疾。The Dheva Spa 提供一系列疗程的 Spa 套餐，客人可在听取医生建议后，综合自己居住时间的长短来选择适合的治疗疗程。

	2
1	3 4

1 水疗馆
2 曼德勒套房
3 水中按摩池
4 皇家套房卧室

活动

酒店提供了非常丰富的课程单：学竹叶编织、酒店烹饪、游泳、瑜伽、文化之旅、种田插秧、学泰式按摩等等，满满当当的课程实在让人眼花缭乱。其中最推荐的免费活动就是文化参观和稻田活动。

文化参观简直令人惊艳，会有专人带你游览酒店的建筑，你将会看到一个来自泰国南部的富有远见的设计师，如何致力于兰纳王朝的辉煌。导游会讲解那些建筑后面的故事，它们为什么存在，它们象征着什么，甚至是名字的由来。除了一场视觉盛宴，你还能从各个细节慢慢了解度假村，它不仅是一座漂亮的宫殿，还是一件极具创意的精致艺术品。

学习稻田插秧也是一件很有意思的事情，工作人员告诉我们这里的稻谷如何生长，你该如何种植。我们穿上农民的衣服和沾满泥巴的靴子，参加劳作，度假村的工作人员在一旁给我们拍照，到了晚上，他们就会给我们送来制作好的相册。 **END**

Tips:

圆形剧场：仿照旧时兰纳古都的剧院建造了这个老剧场，有 250 个座位，会不时有戏剧、音乐和舞蹈表演。

图书馆：作为"城里"的文化中心，此处藏书多达 5000 册，内容涵盖非常广泛。

手工艺表演中心：三间历经日晒雨淋的高脚屋被运进城中，请当地的老年妇女每日表演竹编、纺织和木雕，展现旧时的生活。

Le Grand Lanna 餐厅：清迈环境最优雅、豪华的餐厅。特色：传统、经典的泰餐，吃客大多为慕名而来的游客、本地人，这里曾是戴安娜王妃钟爱的泰餐馆之一。

Horn Bar：如果万圣节那天，出现这个酒吧，带上酒吧自制的鹿角发卡，你就可以尽情地疯狂了。

黛兰塔维烹饪学院：黛兰塔维清迈度假酒店自带一家泰式料理学校，就位于 Le Grand Lanna 餐厅背后古香古色的木楼上。教室布局的厨房配备各种现代化器具，并有独立灶台、抽油烟机、盥洗槽和案板，最多可供 20 名学生同时使用。

艺术品与手工艺村：黛兰塔维清迈度假酒店是本市唯一一家可为宾客安排每日艺术拓展和手工艺体验的度假村，内容包括编竹篮、竹制品编织、舂米、剪纸、插花等丰富有趣的泰北主题活动。宾客可以旁观也可亲手体验。文化中心常邀海内外专业人士前来授课，内容宽泛，涉及东南亚文化、手工艺展等。

签证：自 2014 年 8 月 9 日起至 11 月 8 日，泰国将为中国游客免除签证所需费用。

时差：泰国慢北京时间 1 小时。

天气：6~9 月为清迈雨季，平均气温 28℃，山区气温日夜温差较大；10 月进入冬季，气温清凉，更适合旅游。

日本东京家具及装饰用品展览会
IFFT/INTERIOR LIFESTYLE LIVING

撰　文	小子
撰　文	小子
资料提供	Messe Frankfurt Exhibition GmbH

　　第七届日本东京家具及装饰用品展览会（IFFT/Interior Lifestyle Living）于 2014 年 11 月 26 日 – 11 月 28 日在日本东京国际展览中心举办。来自 25 个国家和地区的 391 个参展商携自己的产品参加了本次展会，15 872 人次参加了博览会。展览为消费者和生产商之间搭建了一个沟通的平台，相比往届，本次展会扩大了展览规模并更趋国际化，取得了很好的效果。

　　展览展品按照生活方式的不同进行分类展示，分为以下区域：HOME,KITCHEN LIFE, EVERYDAY,ACCENT,GLOBAL,MOVEMENT, JAPAN STYLE,CREATIVE RESOURCE,NEXT, TALENTS,THE HOTEL 等。

　　本届展览会展出了丰富的产品阵容，其中包括全球的杰出家具和产品，日本传统和现代的设计产品，为设计提供资源的各种纺织品、可持续发展的材料和建造方式以及年轻一代设计师的作品，探讨了未来设计的发展趋势。

　　明年的 IFFT/ 室内生活方式生活将于 2015 年 11 月 25 日 – 27 日在东京国际展览中心举办。（欲了解更多信息，请访问：www.ifft-Interiorlifestyleliving.com）

JAPAN STYLE

日本风格展区（JAPAN STYLE）展示了
一系列日本传统设计和日本现代设计的卓
越产品，这些产品传达了日本的设计、技
术和文化，同时也反映了其贯穿始终的美
学思想，呈现了日本设计悠久的发展历史。
展览期间还安排了多场日本传统手工艺技
能的演示互动活动，受到了参观者的追捧。

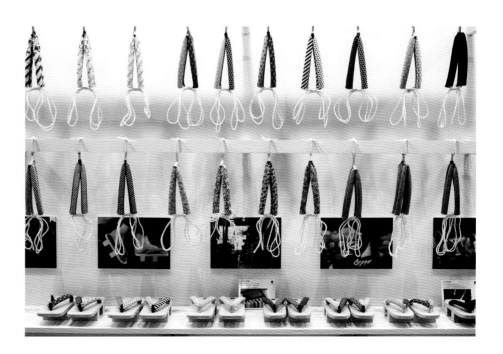

THE HOTEL

鉴于 2020 年东京奥运会的需求，酒店的建设和改建将成为一个新的热点需求。所以本届展会特意在中庭设置"酒店（THE HOTEL）"区域。由室内设计师 Mitusko Kuroda 策划的这个蓝色区域，通过一系列产品，展示了不同创新理念的住宿风格以及适应未来需求的酒店公共区域的设施，揭示了酒店设计未来发展的方向和趋势。该区域中心设置了一个超长的咖啡桌，80 把著名的椅子沿着长桌设置。咖啡厅是由挪威 FUGLEN 咖啡店运行，这家被《纽约时报》评为世界最好的咖啡品牌日日爆满，戏剧性地促进了参展商和参观者之间的交流和沟通。年轻的挪威设计师的产品也在此得到了展示。

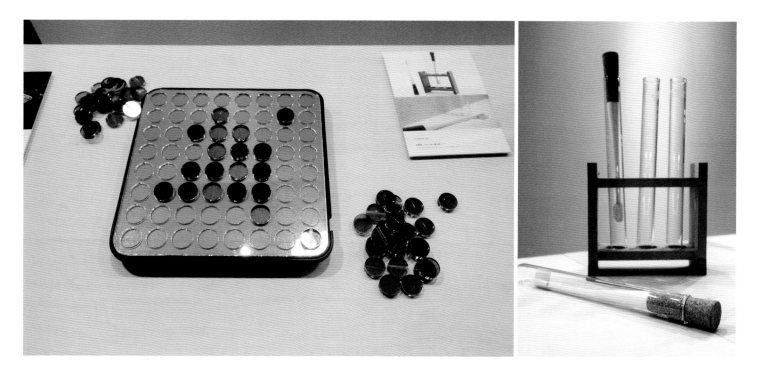

1-3 青年设计师奖获奖作品（Alt Design Works 设计团队设计）

4 Yukihiro Yamaguchi Design 设计作品

5-7 originalpost 团队的作品

NEXT and TALENTS

这个区域支持年轻的、有才华的设计师和企业家寻找商业机会。每年在东京被授予青年设计师奖（YOUNGDESIGNER AWARD）的青年设计师，将被邀请参加在法兰克福举办的春季消费品展览会（Ambiente）。今年的获奖者是 Alt DesignWorks 设计团队。该奖项的评委、法兰克福春季消费品展览会副总裁 Nicolette Naumann 如此评价获奖作品："该年轻的设计团队用一种全新的方式来设计像钢笔和牙刷这样司空见惯的生活用品，因此我们鼓励的不仅是设计，是他们对待设计的态度。"

T-01
originalpost

久违的现代：
冯纪忠、王大闳建筑文献展

撰 文 ｜ 夏至

"久违的现代：冯纪忠、王大闳建筑文献展"近日在华侨城当代艺术中心（OCAT）上海馆拉开帷幕。展览挖掘并展示了冯纪忠、王大闳两位现代建筑设计大师最重要的现代建筑设计作品，期望重新唤起对中国现代建筑道路的思考与争鸣，这亦是对这两位游离于主流之外的建筑师的真正有尊严的回顾展。

冯纪忠与王大闳的现代建筑理念实践在两岸现代建筑历史中均处于边缘位置，一生有波折而甘于淡泊，其理念和实践的重要价值在近年才日益凸显，被后人研究、展览和重新评价。他们在中国建筑的传统与现代的冲突融合中，进行了具有自身鲜明特色的探索。若是这一代建筑力量能够正常生长，中国也不会在近年来一直反复纠缠于高楼加中式帽子和全盘西化彻底丧失空间身份的泥潭中。

两位设计师的作品在展馆中的两个展厅分别展示，形成富于深意的两岸现代设计的深层对话。展览除了展出大量图纸、手稿等宝贵的资料外，还有大量模型与片段还原。尤为值得一提的是，中国美术学院建筑学院学生的大型装置《何陋轩1:1竹构造节点》，何陋轩所有的建造节点一一被记录下来，同时以模型的形式来表现。

冯纪忠：现代化表达的东方空间

"有些建筑师做了100件作品也不算够，冯纪忠做了一件就够了，他是大陆最伟大的建筑师。"普利兹克奖得主、中国美术学院建筑学院院长王澍如是评价冯纪忠，"初见何陋轩是在1981年，当时我的脑袋轰然有炸裂的感觉，五味杂陈，但当时还不能清除地知道这意味着什么。思考十四年后，我才敢去实地看何陋轩，由此坚定了到底朝哪里走。"

冯纪忠出生于晚清的一个望族，其祖父冯汝骙曾在浙江和江西任巡抚。冯纪忠幼年在北京外交部小学读书，他的父亲正出任北洋政府总统徐世昌的秘书。当时冯纪忠家和梁思成家都住在东堂子胡同一个院落，数十年之后，两人分别成为一北一南建筑学派先驱。梁思成以古典学派著称，而此后生活在上海的冯纪忠则为中国引入了现代建筑理念，他在中国创立城市规划学科和建筑设计中的空间组合理论，并成为同济大学城市规划学院的创始人。

冯纪忠一生最得意的作品是1981年设计的方塔园。以"与古为新"的理念将古建筑与现代园林匠心独具地结合在一起，被

学者认为是20世纪世界建筑史上罕见的杰作，在这个开合未定而通透的小筑中，冯纪忠为中国传统空间的讲究的旷远和轻盈找到了一种现代的形式表达。但在建成后不久的1983年上海市人大、政协会议上，却被当成了"资产阶级和封建的精神污染"批判。当时批判的逻辑非常荒谬。冯纪忠的设计既不铺张，又很实用，只不过和中国传统园林的风格不同，力图在本土环境中自然地体现发源于德国的现代主义风格，就被视为大逆不道。而之后的1980、1990年代，冯纪忠一直没有参与设计与创作的机会。

王大闳：连接中国传统建筑与西方现代主义建筑

王大闳出身名门，其父王宠惠是耶鲁大学法学博士，先后任孙中山南京临时政府外交部长、北洋政府国务总理、南京国民政府司法部长。王大闳后进入哈佛大学建筑研究所，师从德国现代设计学校的先驱、包豪斯的创办人格罗皮乌斯，与王大闳同班的还有贝聿铭和后来成为美国建筑大师的菲利普·约翰逊。但王大闳的人生境遇与建筑态度与同为华裔的贝聿铭南辕北辙，一个蝴蝶翩然于国际政商与建筑舞台间，一个顽石般据守台湾六十年如一日（王大闳自迁居台湾后，近五十年未离海岛一步）。令人敬佩的是，王大闳从不眷恋权力与名声，他在2009年被授予台湾艺术界最高奖项后，在一次讲演中表示，"我从来没做出来一件好作品。"

王大闳在台湾的现代建筑发展之路一路崎岖。日据时期公共建筑物设计，完全操控在日本人手中，以仿欧洲古典的折衷式样为主。王大闳却努力将中国传统建筑与现代主义观念相结合，他的建筑作品，一直严肃地思考着由西方起始的现代建筑，应该怎样与中国传统的建筑在形式与空间美学上接轨的问题。他批评台湾普遍的"宫殿式"建筑，"为了想保持中国建筑的传统，抄袭旧建筑的造型，而对其精神却盲目无所知，把一些匠艺上本属西方风格的建筑，硬套上些无意义的外形，就当作是中国自己的东西，就是在这样无聊的抄袭方式下，产生了今天所谓'宫殿式'建筑。"

建筑学者阮庆岳表示，"王大闳是台湾战后建筑史上，创新风格与思路的第一个领导人，他师从包豪斯创始人格罗培斯，与现代主义核心脉络直接相承，在思维与视野上，远远超越其他台湾同代建筑师。"▣

第 54 届意大利米兰国际家具展

日前，第 54 届意大利米兰国际家具展新闻发布会在上海召开。新任米兰国际家具展主席 Roberto Snaiedero 等高层出席。据悉，米兰国际家具展将于 4 月 14 日至 19 日于新米兰国际展览中心开幕。同期举行的还有米兰国际家具配饰展、卫星沙龙展、米兰国际灯具展及 Workplace3.0 时代 / 办公家具展。今年重磅推出全新展览项目——Workplace3.0 时代 / 国际办公家具展，将是一个充满各种办公设计理念和灵感的展览。

大小建筑设计联盟
探讨城市现状和建筑未来

2014 年 12 月 12 日，每年一度的大小建筑设计联盟技术论坛借座上海科学会堂枫丹白露厅召开。大小建筑作为一家资深建筑师创办的年轻建筑设计事务所，秉承小而精致、大而精彩的设计理念。论坛将讨论的话题扩展到城市的平台，大型城市面临着发展和现状的困顿，雾霾、交通堵塞、发展的简单化给予了城市更多的错觉。城市慢慢远离了原有的格局，新型的城市形态和原有的城市肌理在碰撞中前行。从上海、北京，到东京、鹿特丹，从城市不同的发展轨迹中试图寻求答案。

科勒上海设计六感体验优雅升级

拥有 141 年历史的科勒品牌通过坚持不懈对于人性、设计与优雅的大胆追求，在五感基础之上加入精神体验，将完成"六感"升级，令 2015 年 6 月正式揭幕的"六感"体验中心进一步发挥引领行业潮流，为整个行业带来"通感体验"的全新标杆。

"VOLA"亚洲旗舰店在设计共和开幕

丹麦顶级卫浴品牌"VOLA"亚洲旗舰店在设计公社盛大开幕。VOLA 在丹麦已有四十余年的历史并被选为丹麦皇室御用品牌。1968 年由弗纳。欧弗伽所创立。第一款 VOLA 水龙头于 1968 年由丹麦著名设计师安恩·雅各布森所主持推出。该品牌的产品曾参与许多知名项目，主要以完成的包括：北京盘古大观、郑州建业艾美酒店、由英国著名事务所福特斯合作的香港国泰航空机场休息室的项目等。

第三届"中国营造"
全国环境艺术设计双年展项目征集

由中国建筑学会建筑师分会主办的"中国营造"—— 全国环境艺术设计双年展在南京、深圳等地已成功举办多届。本届由江南大学设计学院承办第三届"中国营造"——2015 全国环境艺术设计双年展将携手中国建筑工业出版社《室内设计师》、清华大学美术学院《装饰》杂志正式面向国内外设计机构、高校征稿。本届大赛截稿日期：2015 年 7 月 15 日，征集内容请参阅官方网站：http://www.symysx.com。

Luceplan 和 Modular
在中国开设首家展厅

日前，欧洲高端灯具品牌 Luceplan 和 Modular 在上海前卫艺术创意园——八号桥的展厅正式开业，标志着两个品牌发力中国市场。这是 Luceplan 和 Modular 在亚洲的第一家展厅，简约而现代的展厅被打造成一个前卫而华美的光明世界，来宾们不仅能够欣赏到来自欧洲两大照明品牌的高端产品，更能领略它们最顶级的设计、工艺与技术。两个品牌以创造力和技术工艺为核心，以模块化的照明设备为塑造空间、实现室内设计提供重要的创新解决方案。

Steelcase 上海灵感办公室全新开放

全球办公家具行业的领导企业 Steelcase 位于上海思南路的灵感办公室全新对外开放。经过重新装修的灵感办公室展示了 Steelcase 最新的办公空间理念——"办公场所的能量"以及顶级办公家具产品。这也是 Steelcase 上海灵感办公室自 2009 年设立以来，第一次全新亮相。

Mao Creations& 德国 Rosenthal
卢臣泰打造迷幻魔笛餐桌

2015 年 2 月 7 日，Mao Creations 餐桌艺术视觉工作室携手德国顶级瓷器品牌 Rosenthal 卢臣泰举办了一场弥漫浓郁新年氛围的迷幻魔笛餐桌艺术新年酒会。遵循卢臣泰勇于创新与不断挑战的品牌精神，在 2015 年主流色调 Marsala 马萨拉红的节日氛围中，将灵感源自莫扎特名作"The Magic Flute（魔笛）"的 Magic Flute 魔笛系列设计用于充满奇幻魅力的餐桌艺术。

意大利瓷砖品牌 MUTINA
在中国开设首家旗舰店

近日，意大利瓷砖品牌 MUTINA 在中国的首家旗舰店正式开幕。开业仪式上，MUTINA 意大利总部代表、MUTINA 中国代理商领导及黎安商业产业园董事长陆女士共同为 MUTINA 中国首家旗舰店剪彩。MUTINA，本是意大利城市摩德纳（Modena）这个城市的拉丁文名称，MUTINA 这个品牌正是汲取着意大利这片土地养分而诞生的，它带有亚平宁的清爽，也承载了托斯卡纳的热烈。

上海时尚家居展在沪揭幕

第八届中国（上海）时尚家居展于近日在上海新国际博览中心 N4、N5 号馆拉开帷幕。此次展会期间举办了一系列全方位涵盖设计领域的现场活动，涉及家居装饰潮流、设计师品牌、品牌建立、产品设计和家居零售市场。籍由欧洲连锁家居品牌 Habitat 诞生 50 周年之际，法兰克福展览特别邀请到国内外知名时尚家居品牌携手推出"主题展示区域"。旨在透过引入具有丰富陈列经验的欧洲设计师，向国内专业或零售机构分享陈列策略与技巧。

第 10 届"Gift Show in 上海"开幕

由协同必极耐斯（上海）会展有限公司举办的"第 10 届 Gift Show in 上海、第 3 届上海国际生活用品家居装饰品美容美发健康展览会、第 2 届 TOKYO BEAUTY & HEALTH WORLD in 上海"展览于 2015 年 3 月 25 日至 28 日在上海国际展览中心举办。本届展会以"新科学技术的进化，是设计健康美丽的生活方式 / 惊喜与感动！传递别具匠心的礼品设计"为主题。比如石川县的传统工艺品及火盆等。

文脉承启设计新世代

2015 年 1 月 29 日，沪上建筑业界三家知名设计公司，上海大椽建筑设计事务所、上海九慧空间艺术设计事务所、上海纬图景观设计公司携手在上海外滩和平饭店南楼，举办了以《文脉承启设计新世代》为主题的设计论坛，从学术和市场多个角度就论坛主题进行了广泛深入的探讨。活动充分体现了海派文化元素。

2015

CHINA INSTITUTE OF INTERIOR DESIGN
2015 CIID DESIGNER SUMMIT

CIID⑤ 设计师峰会

CIID 2015 设计师峰会

为 "回归真实设计" ，再次起航。

高度、大佬、相聚、热议、争论、批判，应有尽有。

何为 "真实" ？为什么 "回归" ？

九座城市，九次方个热点，再次与你连线。

4月无锡，5月合肥、昆明，

等你回归。

更多详情，敬请咨询：010-88355338
或登陆CIID官方网站：www.ciid.com.cn

一点一滴，中国室内。　　一日一读，中国室内。

LOVE WALLPAPER ENJOY LIFE

CHINA WALLPAPER HOMDECOR

2015 [BEIJING] [四大主题展区]

▶ THE FOUR THEME EXHIBITION ◀

2015 北京站 欢迎参观

2015.3.13-16

19TH CHINA [BEIJING] WALLPAPERS DECORATIVE
TEXTILE & HOME SOFT DECORATIONS EXPOSITION

第十九届中国[北京]墙纸布艺
地毯暨家居软装饰博览会

北京·中国国际展览中心[新馆]

LOCATION /China International Exhibition Center
[New Venue], Beijing (NCIEC) (北京.顺义天竺裕翔路88号)

SHOW AREA 展览面积 / **200,000** 平方米	**NO. OF BOOTHS** 展位数量 / **10,000** 余个
NO. OF EXHIBITORS 参展企业 / **3500** 余家	**NO. OF VISITORS(2014)** 上届观众 / **250,000** 人次

Approval Authority /批准单位: 中国国际贸易促进委员会
Sponsors /主办单位: 中国室内装饰协会　中国国际展览中心集团公司
Organizer /承办单位: 北京中装华港建筑科技展览有限公司
Official Website /官方网站: Http: www.build-decor.com

Contact information / 筹展联络
北京中装华港建筑科技展览有限公司
China B & D Exhibition Co.,Ltd.
Address / 地址 : Rm.388,4F,Hall 1,CIEC,
No.6 East Beisanhuan Road,Beijing
北京市朝阳区北三环东路 6 号
中国国际展览中心一号馆四层 388 室
Tel / 电话 : +86(0)10-84600901 / 0903
Fax / 传真 : +86(0)10-84600910
E-mail / 邮箱 : zhanlan0906@sina.com

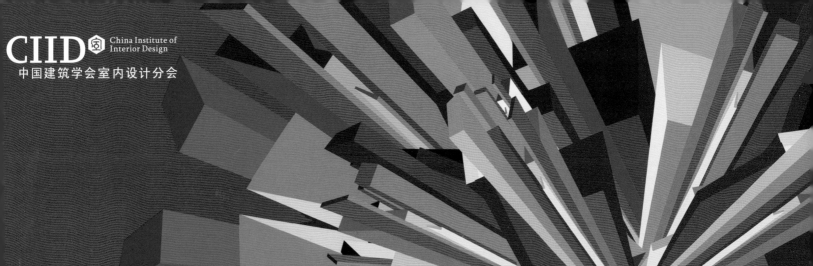

CIID 宀 China Institute of Interior Design
中国建筑学会室内设计分会

CHINA HAND-DRAWING DESIGN COMPETITION

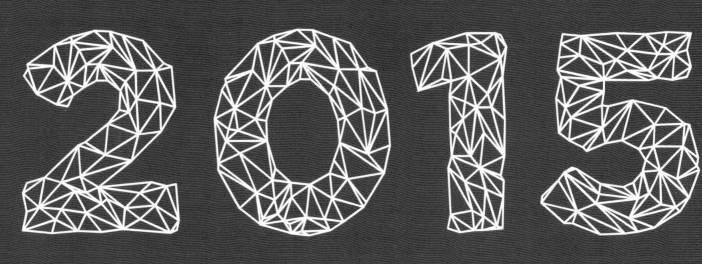

2015

中国手绘艺术设计大赛

截稿日期：2015年6月15日

大赛分类：

大赛分设两大组：①建筑室内组　②学生组
每一组参赛作品依据不同的手绘表现目的，
分为两类：①手绘表现类　②手绘写生类
手绘表现类：该类别作品主要包括设计师工作过程中的设计方案、
手绘草图与各专业院校学生在专业课程中的练习作业。
手绘写生类：该类别作品的题材主要包括建筑、室内与景观等。

参赛要求：

■填写报名表（提交纸质打印件）
■参赛展板资料：

作品由参赛者在不超过590mm×820mm版心幅面范围内（统一采用
竖式构图）自行编排，此幅面范围内的画作可为独幅或联幅作品。如联
幅作品，最多不得超过4幅，且内容要有连贯性，合计为一件作品。如
送交多个项目参评，请将同一项目的展板资料存储在同一文件夹下，文
件夹及文件以项目名称命名。
■出版选集资料：详细内容详见网站

联系方式：

■联系人：崔林　■电话：010-51196444　■传真：010-88355881
■地址：北京市海淀区首体南路20号国兴家园4号楼2406室
■网址：www.ciid.com.cn

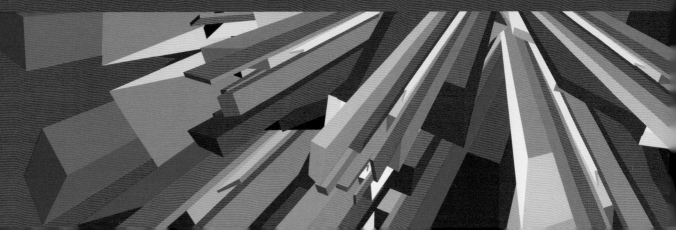